Medienbildung und Gesellschaft

Band 35

Herausgegeben von
J. Fromme, Magdeburg, Deutschland
W. Marotzki, Magdeburg, Deutschland
N. Meder, Essen, Deutschland
D. M. Meister, Paderborn, Deutschland
U. Sander, Bielefeld, Deutschland

Ralf Biermann · Dan Verständig
(Hrsg.)

Das umkämpfte Netz

Macht- und medienbildungs-theoretische Analysen zum Digitalen

Herausgeber
Ralf Biermann
Magdeburg, Deutschland

Dan Verständig
Magdeburg, Deutschland

Medienbildung und Gesellschaft
ISBN 978-3-658-15010-5 ISBN 978-3-658-15011-2 (eBook)
DOI 10.1007/978-3-658-15011-2

Die Deutsche Nationalbibliothek verzeichnet diese Publikation in der Deutschen Nationalbibliografie; detaillierte bibliografische Daten sind im Internet über http://dnb.d-nb.de abrufbar.

Springer VS

Lektorat: Stefanie Laux

Gedruckt auf säurefreiem und chlorfrei gebleichtem Papier

Springer VS ist Teil von Springer Nature
Die eingetragene Gesellschaft ist Springer Fachmedien Wiesbaden GmbH
Die Anschrift der Gesellschaft ist: Abraham-Lincoln-Str. 46, 65189 Wiesbaden, Germany

Inhaltsverzeichnis

Das Netz im Spannungsfeld von Freiheit und Kontrolle

Ein kurzer Problemaufriss

Dan Verständig und Ralf Biermann

Die beiden Gegenpole Freiheit und Kontrolle bilden eine gesellschaftlich immanente Figur, die immer wieder in den Mittelpunkt gerät, wenn es um Entscheidungen zur weiteren Entwicklung des gesellschaftlichen Zusammenlebens und die Entfaltung individueller Potenziale geht. Es ist vor allem die Freiheit, die hinsichtlich der Entfaltung des menschlichen Selbst von Bedeutung und somit für Bildungsprozesse konstitutiv ist. Die Bestrebungen nach Freiheit führen unweigerlich zu Fragen der Kontrolle und daraus ergibt sich ein dialektisches Verhältnis, was einer ständigen Dynamik unterliegt und somit immer wieder neu ausgehandelt wird. In aktuellen Entwicklungen lässt sich das Internet als Gegenstand betrachten, um das Verhältnis von Freiheit und Kontrolle aufzuzeigen und dessen Implikationen für Bildung und Gesellschaft festzumachen. So konkurrieren zurzeit verschiedene Akteure darum, ihre Vorstellungen des Netzes durchzusetzen oder Einfluss auf zukünftige Entwicklungsprozesse im Rahmen politischer aber auch wirtschaftlicher Ausdifferenzierungen zu nehmen. Dabei steht die Idee von Offenheit, Dezentralität und somit Freiheit den Bestrebungen nach ökonomischer und politischer, aber auch individueller also sozialer Kontrolle und Regulierung gegenüber. Kontrolle ist nunmehr zu einem Instrument des Markts geworden, sei es die Überwachung, Filterung und Selektion von Datenströmen, oder auch die Erhebung sozialer Profil- und Metainformationen durch Big-Data-Analysen. Die freie und egalitäre Teilhabe lässt sich im Netz wohl nur unter ganz bestimmten

Voraussetzungen und dann auch oftmals nur mit starken Einschränkungen, also höchstens im ideellen Sinne, bestimmen. Es liegt auf der Hand, dass mit der Entfaltung neuer sowie sich verändernder Technologien auch die Lagerungen unterschiedlicher Interessensgruppen einhergehen und dies ganz natürlich zu mehrdimensionalen Aushandlungsprozessen führt. Entlang des Netzes lassen sich derlei Prozesse durchaus auch als Kämpfe entlang von Strukturfragen, Nutzungsweisen und Anschlusspraktiken beschreiben. Alle drei Aspekte für sich genommen sind bereits hochkomplexe Phänomene, die jeweils unterschiedliche Schwerpunkte ineinander vereinen. So sind an Strukturfragen beispielsweise jene Forderungen nach Dezentralität, Protokollstabilität und Netzneutralität sowie pragmatische Herausforderungen zum Netzausbau und der Abdeckung allgemein inbegriffen. Damit erstreckt sich das Verhältnis von Freiheit und Kontrolle eben nicht nur auf die Frage nach der Menschwerdung und eine selbstbestimmte Nutzung, sondern vor allem auch auf institutionelle Strukturen.

Wenn das Netz nun nicht nur alte Wahrnehmungsweisen der Menschen reproduziert, sondern auch neue Möglichkeiten der Wahrnehmung von Welt ermöglicht, dann verändern sich die Koordinaten, für das, was man gemeinhin als gesellschaftliche Stabilität versteht, ganz grundlegend. In der Folge lassen sich Normen- und Werteverschiebungen sowie die Entstehung neuer Sozialräume festmachen, die es im Rahmen erziehungswissenschaftlicher Arbeit sowohl praktisch als auch theoretisch einzuholen gilt. Es scheint gerade für das Zusammenleben der Menschen von grundlegender Bedeutung, zu klären, wie die Fähigkeit zur Mitbestimmung oder auch die Selbstbestimmung im Rahmen des digitalen Technologiefortschritts realisiert werden können. Spätestens dann, wenn man noch immer von einem Wissenskanon ausgeht und dann feststellt, dass die Wissenslagerung durch Pluralisierungstendenzen so heterogen sind wie noch nie, ergeben sich auch ganz bildungspraktische und in der Konsequenz auch wirtschaftliche Herausforderungen für die Zukunftsgestaltung. In Anlehnung an Horkheimer und Adorno (1969) scheint damit die Kulturindustrie eine Epoche eingeleitet zu haben, deren Verschleierungsprinzipien eine neue Stufe erreicht haben. Ist damit der Traum einer humanistischen Bildung im und durch das Netz bereits ausgeträumt oder stehen wir angesichts der aktuellen Entwicklungen gerade erst vor einem neuen Zeitalter? Die Beantwortung derartiger Fragen setzt die Analyse von Machtverhältnissen voraus und erst daraus lassen sich weitere Überlegungen für das Verhältnis von Freiheit und Kontrolle ableiten, denn im Anschluss an Foucault gäbe es keinen Ort, der frei von Macht wäre und auch das Heraustreten aus den gegenwärtigen Wissensbeziehungen und Feldern bringe keine Freiheit mit sich, sondern lediglich neue Machtverhältnisse hervor (vgl. Foucault 1983, S. 96). Indem Macht über das Verhältnis von Freiheit und Kontrolle adressiert wird, werden gleichermaßen Fragen der Bildung angesprochen, denn heute scheint die Herausforderung mehr denn je, Wissen demokratischer zu machen (vgl. Stehr 2015, S. 382).

Der vorliegende Band widmet sich diesen Entwicklungen vor einem breiten theoretischen Spektrum, das Perspektiven aus der Bildungswissenschaft, der Soziologie, den Medien- und Kommunikationswissenschaften abdeckt. Damit steht das aktuelle Projekt in der Tradition der bisherigen Magdeburger Theorieforen und greift konsequent die vorangegangenen Bemühungen um eine theoretisch fundierte Betrachtung der Phänomene aber auch der Identifikation von Problemlagerungen auf. Standen in der Vergangenheit die Aufhebung von zeitlichen und räumlichen Barrieren (Bukow, Jörissen & Fromme 2012), die Emergenz partizipativer Medienkulturen (Biermann, Fromme & Verständig 2014) sowie Mediale Diskurse, Kampagnen und Öffentlichkeiten (Fromme, Kiefer & Holze 2016) im Fokus, so wurde mehr und mehr deutlich, dass die Komplexitätslagerungen, die insbesondere mit dem Netz einhergehen nicht nur interdisziplinär betrachtet werden müssen, sondern vor allem auch unter einer infrastrukturell umfassenderen Perspektive in den Blick genommen werden sollten, um dadurch Antworten auf Fragen zur Bildung und Subjektkonstitution unter den Bedingungen der digitalen Gesellschaft formulieren zu können.

Von Interesse sind dabei vor allem zwei Ebenen. Zum einen die Infrastruktur im Sinne von Hard- und Software, die sozusagen die technische Plattform bilden. Hier spielen Standards eine Rolle, die über das kommunikative Zusammenspiel unterschiedlicher Akteure entworfen und den verschiedenen Anforderungen nach weiterentwickelt werden. Hardware und Software stehen dabei im wechselseitigen Verhältnis. Sie bedingen sich gewissermaßen gegenseitig und sind nur in ihrer Symbiose von eigentlicher Gestalt. Damit spielen schon die Entscheidungsprozesse bei der Softwareentwicklung eine entscheidende Rolle, wenn es um Fragen zu Gestaltungsprinzipien des Netzes und die daran anschließenden kulturellen Praktiken geht. Im Diskurs um eine Konzeption von Medienbildung ist dieser Aspekt nicht trivial, wurden doch gerade die Entwickler, ihre Praktiken und vor allem deren subkulturelle Ausprägungen bisher nur geringfügig betrachtet. Wie Code und Software nun das Feld der medienpädagogischen Forschung berühren, kann demzufolge nur mit einer tiefgehenden Auseinandersetzung von eben jenen kulturellen aber auch politisch-aktivistischen Entwicklungen bestenfalls hinreichend beantwortet werden, schließlich werden Nutzungsweisen schon mit der Gestaltung von Architektur implementiert oder eben explizit nicht realisiert.

Dies führt zur zweiten Ebene, die bisher deutlich stärker im Fokus der erziehungswissenschaftlichen Forschung stand. Es handelt sich dabei um die Problemlagerungen rund um soziale Ungleichheit verbunden mit ungleichen Zugängen zum Netz (first-level-digital divide) und im Anschluss daran die weitaus tiefergehenden Unterschiede in den individuellen Nutzungsweisen (second-level-digital divide). Diese prägten den Diskurs maßgeblich und geben auch heute noch Anlass zur kontroversen Diskussion, wenn man sich beispielsweise die sozialen Schließungsphänomene in digitalen Sozialen Netzwerken zuwendet oder allein die Entwicklungen entlang der mobilen Netznutzung betrachtet.

Die anfänglichen Rufe nach der Bereitstellung der Hardware und später dann nach Medienkompetenz beziehungsweise Projekten zur Förderung dieser sollten zur Lösung der Probleme beitragen. Selbstbestimmte, freiheitliche und kompetente Nutzungsformen stellen ein idealisiertes Ziel dieser Gedankengänge dar. Insgesamt zeigt sich jedoch, dass gerade die Freiheit in der Nutzung durch die Entwicklung des Netzes durch ökonomische und politische Interessen immer mehr eingeschränkt wird und somit gegen den innovativen Charakter wirken, dem das Netz oftmals zugeschrieben wird. Dies führt dazu, dass eine selbstbestimmte, offene und humanistische Nutzung und Herstellung von Wissensbeständen den Interessen anderer untergeordnet wird. Die User sind mittlerweile immer mehr gefordert, sich über den reinen Nutzungsrahmen hinaus mit möglichen Nebenschauplätzen zu beschäftigen. Damit einher gehen Aushandlungsprozesse und Kämpfe um die Deutungs- und Verfügungshoheit von Daten und Informationen im Netz auf den beiden Ebenen.

Im Sinne Bourdieus (2001a, 2001b, 2006) könnte man von Feldern sprechen, in denen und zwischen denen sich solche Machtkämpfe abspielen. Während beispielsweise das politische Feld regulieren und kontrollieren will, versucht das ökonomische Feld Freiheiten und eigene Standards durchzusetzen. Dieser Kampf ist ungleich, da sich die Ressourcen nicht gleichmäßig verteilt bei den Akteuren wiederfinden. Zahlreiche Änderungen an Gesetzen und technischen Entwicklungen zeugen davon, dass gerade auch der Terrorismus für mehr Kontrolle durch die Politik genutzt wird. Erinnert sei hier an die Vorratsdatenspeicherung, die vom Bundesgerichtshof als rechtswidrig eingestuft wurde. Auf der anderen Seite haben die Nutzer die Möglichkeit der freien Entfaltung, Schaffung und Gestaltung eigener Inhalte und zum sozialen Austausch miteinander. Freiheit heißt in diesem Sinne aber auch das Recht auf die Deliberation und Aushandlung. Ein Kampf, der sich beispielsweise an Urheberrechts- und Verwertungsfragen aber auch der administrativen Regulation des Datenverkehrs im Rahmen der Netzneutralitätsdebatte (Wu 2003; Goldsmith & Wu 2006; Brown & Marsden 2013), die in Deutschland beispielsweise unter ganz anderen Vorzeichen als in den USA geführt wird, aufzeigen lässt.

1 Der Machtkampf um das Netz: wer kontrolliert was?

Inwiefern das Internet als umkämpfter Raum angesehen werden kann, zeigt sich besonders deutlich, wenn man auf die ökonomischen Entwicklungslinien blickt. Während Amazon den Buchmarkt nachhaltig verändert, bricht das Online-Vermittlungsunternehmen für Fahrdienstleistungen Uber den Sektor des Taxigeschäfts auf und scheinbar ganz nebenbei definieren Netflix und YouTube das Fernsehen neu. Allen drei hier angesprochenen Punkten ist gemein, dass sich damit auch das Selbstverständnis der Akteure verschiebt. Während man durch Amazon schnell und bequem zu seiner eigenen Publikation kommen kann, können wir durch Uber Fahrgelegenheiten finden oder gar selbst zum Chauffeur werden und über diese und andere Erfahrungen dann via YouTube in den audiovisuellen Austausch treten beziehungsweise seine Identität im Netz über die vielfältigen Formen und Formate der (Selbst-)Darstellung entwickeln und dabei nicht nur Ort, Gelegenheit und Zeit, sondern auch die eigenen Inhalte bestimmen. Die audiovisuellen Produktionen bringen jedoch auch anerkennungstheoretische Fragen auf und lassen damit das Spannungsfeld von Authentizität und Inszenierung aufspannen, in denen sich das handelnde Subjekt befindet.

Das Prinzip YouTube hat sich in den letzten Jahren den ökonomischen Herausforderungen gestellt und ist zu einem hochkomplexen soziokulturellen Phänomen mit ganz unterschiedlichen Ausprägungsformen herangewachsen. Neben Amateurvideos hat sich längst eine Welle der Professionalisierung abgezeichnet, die nicht zuletzt auch vor dem Hintergrund kommerzieller Strukturen diskutiert wird. Diesem Netzwerk aus Videokanälen steht das klassische Fernsehen mit einem linearen und zeitlich abhängigen Programm und scheinbar rigiden Strukturen gegenüber. Der direkte Einfluss der User auf die Videos zeigt sich dabei vor allem bei der Live-Streaming-Plattform twitch.tv durch deren Einbindung der Chatkommunikation. Einfach nur zuschauen war gestern. Die Marktbewegungen und Kämpfe um die Zuschauergruppen sind auch hier nicht zu verkennen, wenn man sich die jüngsten Entwicklungen der Streaming-Angebote beispielsweise beim Unternehmen Netflix ansieht, was eine digitale Plattform für TV-Inhalte aber auch klassischer Filme darstellt. Fernsehen hat sich in das Internet verlagert und damit ist auch hier eine Auflösung der räumlichen und zeitlichen Abhängigkeiten zu beobachten. Es spielt für den Endverbraucher kaum noch eine Rolle, auf welchem Endgerät man seine Inhalte konsumieren möchte. Zugleich lässt sich jedoch auch die mediale Konvergenz nicht nur auf inhaltlicher, sondern vor allem auch auf technologischer Ebene festhalten. Es kommt zu einer Verschmelzung von Netzen und Netzanbietern sowie einer Überlagerung von Inhalten und Inhalteanbietern.

Damit wird eine Dynamik erzeugt, die sich ganz nebenbei und sehr direkt auch auf alle Akteure des Netzes auswirkt.

Gerade die Verschiebung in Richtung Selbstbestimmung des Nutzers auf der einen Seite und die Versuche der Einflussnahme durch Politik, Wirtschaft etc. diese zu beeinflussen, lässt allein schon dieses Themengebiet zu einem hoch relevanten Forschungs- und Interessengebiet der Medienbildung und der Medienpädagogik werden. Die Fragen, inwiefern diese Entwicklungen a) Auswirkungen auf die Theoriebildung haben und b) welche Implikationen sich hieraus für die medienpädagogische Praxis ergeben, liegen dabei offensichtlich auf der Hand.

Wenn neben klassischen Unterhaltungswerten auch Aspekte der Informationsbeschaffung sowie des sozialen Austauschs in den Mittelpunkt der Beobachtung gerückt werden, lässt sich entlang der Sozialen Medien und im Brecht'schen Sinne durchaus von einem Kommunikationsapparat sprechen, denn die Zuhörer sind längst nicht mehr nur die Hörenden (vgl. Brecht 1982, S. 127f.), sondern sind eigene Produzenten des Gesagten und Gezeigten, so gesehen „Produser" (Bruns 2007).

Trotz all dieser Entwicklungen muss jedoch kritisch konstatiert werden, dass die emanzipatorischen Potenziale der Informationsgesellschaft durch neue Technologien, wie sie im Sinne der „kalifornischen Ideologie" von Barbrook und Cameron (1995) festgehalten wurden[1], sich heute, zwei Jahrzehnte später, nur noch schwer und wenn überhaupt in stark veränderter Form festhalten lassen. Vielmehr zeigen die letzten Jahre, dass das Netz nicht zum großen Gleichmacher und demokratischen Medium avanciert ist, das man sich erhofft hat. Digitale Ungleichheiten, Überwachungs- und Kontrollfragen sowie unterschiedliche ökonomische, politische Interessen und deren Einfluss auf die Infrastruktur machen deutlich, dass sich die Nutzer allgemein nicht im vollen Umfang und im Sinne einer emanzipatorischen Idee im Netz bewegen können.

2 Das Netz und die Selbstbestimmung

Wenngleich die Idee der Vernetzung heute durch das Mobile Web sowie das Internet der Dinge eine neue Qualität bekommt, ist die Art und Weise wie Facebook, Twitter und andere soziale Netzwerke das Umfeld der Menschen strukturieren nicht nur auf die Sammlung neuer Kontakte und sozialer Beziehungen beschränkt. Vielmehr werden innerhalb sozialer Netzwerke vor allem anerkennungstheoretische Fragestellungen deutlich. Daher geht es weniger um eine größtmögliche Vernetzung als vielmehr um eine ausdifferenzierte Sichtbarmachung der sozialen Ge-

1 Richard Barbrook und Andy Cameron: *THE CALIFORNIAN IDEOLOGY* (1995)

meinschaftsstrukturen und somit um Abgrenzung gegenüber anderen Gruppen, Ansichten und Meinungen (Thiedeke 2007, Lovink 2008). Dies geschieht jedoch längst nicht nur explizit durch selbstbestimmtes Handeln, sondern vielmehr auch implizit und fremdbestimmt. Einerseits durch die sozialen Positionierungen im Feld, die von Aushandlungsprozessen und Herrschaftsgefügen geprägt sind, wie bereits in vielfacher Form theoretisch aufgearbeitet und empirisch nachgewiesen werden konnte (vgl. hierzu Iske, Klein, Kutscher & Otto 2007; van Dijk 2012, Hargittai & Hsieh 2013; Iske, Klein & Verständig 2016). Andererseits ist diese Entwicklung jedoch auch stark von den Strukturen des Netzes selbst geprägt, wie wir am Beispiel der Filterblasenthematik (Pariser 2011), den vielerorts geführten Diskussionen um digitale Teilhabe sowie der Frage nach Mobilität festhalten können, um nur einen kleinen Problembereich anzuschneiden.

Das Internet – und das sollte spätestens seit den Enthüllungen des Whistleblowers Edward Snowden deutlich sein – ist längst auch im politischen Raum ein hochgradig umkämpfter Gegenstand. Das Schnittfeld von sozialer Interaktion und politischen Interessengeflechten ist jedoch nicht neu, betrachtet man beispielsweise John Perry Barlows Unabhängigkeitserklärung des Cyberspace[2], welche eben jenes Spannungsfeld der Legitimation staatlicher Kontrolle und Hegemonie auf das dynamische Internet vor 20 Jahren zum Gegenstand hatte. Ob man heute noch von einem Cyberspace, also einem oder gar dem virtuellen Raum sprechen kann, darüber lässt sich streiten, dass die damit verbundenen Ideale sich verschoben haben, das wurde bereits eingangs entlang der kommerziellen Entwicklungen verdeutlicht, doch was bleibt ist die kritische Frage nach politischen, transnationalen Kontrollstrukturen über die jeweiligen gesellschaftlichen Bereiche. Wer sich wie Gehör verschaffen kann, hängt somit einerseits von sozialen Einflussfaktoren ab, andererseits wird es auch stark von der technologischen Infrastruktur mitgestaltet und beeinflusst, wie auch Lessig (1999, 2010) in seiner Abhandlung mit dem spartanischen Titel „Code" ausformulierte. Der Code ist dabei mehr als jener der Software und Algorithmen, Code steht für gesellschaftliche Normen und Rahmenbedingungen, für Grenzen und Potenziale. Code ist demnach ein aufgeladenes Begriffskonstrukt, was tief mit unseren gesellschaftlichen Grundprinzipien verwoben ist und diese gleichsam re-aktualisiert. In einer digitalen Gesellschaft finden diese Prozesse der Aktualisierung und Aushandlung von Normen selbst-

2 Die von Barlow 1996 verfasste und in Davos vorgetragene Unabhängigkeitserklärung des Cyberspace kann auf der Seite der Electronic Frontier Foundation (EFF) nachgelesen werden https://www.eff.org/de/cyberspace-independence. Die enthaltenen Thesen scheinen noch heute, rund 20 Jahre nach der Veröffentlichung, von höchster Aktualität und Brisanz.

sprechend auch über die medialen vernetzten Architekturen statt. Der Kampf um Informationen und Daten ist zum Schwerpunkt verschiedener Interessengruppierungen geworden. Dabei wird oft vergessen, dass der Versuch zur Rückgewinnung einer vermeintlichen Kontrolle über die eigenen Daten durch die infrastrukturellen Rahmenbedingungen determiniert ist. Während den NutzerInnen Datensparsamkeit empfohlen wird, blendet man die Ermächtigung zur Schaffung und Gestaltung eigener sozialer Räume im Netz weitestgehend aus, denn dies würde zunächst die Abkehr von den für die NutzerInnen attraktiven sozialen Diensten wie Facebook & Co. bedeuten. Dabei bleibt die Frage offen, ob man damit das grundlegende Problem, die enorme Diskrepanz, die sich zwischen Individuen und Institutionen aufgetan hat, überhaupt anspricht. Denn während sich die Unternehmen und politische Institutionen hinter Verschwiegenheitsvereinbarungen und proprietären Methoden verstecken, sind die Menschen, die von den Systemen direkt oder indirekt abhängig sind mehr und mehr offene Bücher (vgl. Pasquale 2015, S.2). Datensparsamkeit würde demzufolge nur die Koordinaten der Datenerhebungsmöglichkeiten verschieben, nicht jedoch grundlegende gesellschaftlich-politische Themenfelder und Aushandlungsprozesse ansprechen. Bildungsfragen sind somit auch zwangsläufig politische Fragen. Dabei geht es nicht nur um die Ausprägung von politischen Interessen, sondern vielmehr auch um die gesamtgesellschaftlichen Konzeptionen und Entwürfe, wie man mit den Technologien des Netzes in Zukunft umgeht und welche Auswirkungen sich hieraus auf moderne Gesellschaften ergeben.

Damit wurden grundlegende Kategorien angesprochen, die im Rahmen der bildungswissenschaftlichen Theoriebildung von zentraler Bedeutung sind. Die Frage, wie das Verhältnis von Subjekt und Welt vor diesem Hintergrund zu denken ist, sollte dabei kritisch und unter Berücksichtigung verschiedener Entwicklungen und Standpunkte diskutiert werden. Nun könnte man einwenden, dass es doch in einem Band, welcher sich dezidiert mit dem Internet befasst eher um das Verhältnis von Subjekt und Medien handelt, diesen Einwand kann man jedoch relativ schnell ausräumen indem man voranstellt, dass die Wirkmacht des Internets längst nicht mehr auf einen oder mehrere bestimmte Räume – beispielsweise in der Idee der Virtual World – begrenzt sind, vielmehr erstreckt sich das Netz heutzutage in nahezu alle sozialen und lebensweltlichen Bereiche. Dies geschieht dabei nicht einfach nebenher, sondern in einer bisher nicht dagewesenen Qualität der Vernetzung, die es erforderlich machen einen umfassenden Blick auf die komplexen sozio-technischen Gefüge zu werfen. Dabei genügt es nicht mehr, lediglich innerhalb einer Fachdisziplin nach den Qualitäten, der hier kursorisch aufgeführten Transformationsprozesse zu fragen, vielmehr scheint die Notwendigkeit gegeben, auch andere Wissenschaftsbereiche in der Theoriebildung zu berücksichtigen, die sich dezidiert dem Internet und den daran anschließenden Praktiken widmen.

3 Zum vorliegenden Band und den einzelnen Beiträgen

Ein Großteil der Beiträge, die für diesen Band verfasst wurden, basieren auf Vorträgen, die im Rahmen des 8. Magdeburger Theorieforums 2015 an der Otto-von-Guericke Universität gehalten wurden. Für die Veröffentlichung wurden die Gedanken, Konzepte und Vortragsmanuskripte entsprechend schriftlich fixiert und ggf. überarbeitet. Zudem wurden weitere Beiträge durch Einreichungen und Einladungen mit hoher thematischer Anschlussfähigkeit in den Band aufgenommen, um das Bild der Diskurslandschaft besser skizzieren zu können und so auch eine thematische Vielfalt abzubilden, die es erlaubt neue Perspektiven zu erschließen. Im Interesse eines offenen Diskurses wurde dabei bewusst auf eine zu starke inhaltliche Vereinheitlichung der Beiträge verzichtet. Damit wird auch die Idee des Theorieforums, einen umfassenden und multiperspektivischen Austausch abzubilden, aufgenommen und im Zuge des Buchprojekts umgesetzt.

Thomas Damberger und Stefan Iske greifen in ihrem Beitrag ein Thema auf, das gerade mit dem Trend zur Smartwatch und den Millionen von Nutzern eine hohe aktuelle Relevanz hat. Menschen sammeln mit Hilfe der Technik Informationen (Körperdaten etc.) über sich selbst. Was aber verändert die Kenntnis über diese Daten bei den Menschen? Was machen diese damit und welche direkten aber auch indirekten Abhängigkeiten entstehen daraus für das Selbstverhältnis und die Verortung in der Welt? Dienen die technologischen Entwicklungen und Möglichkeiten zur Datensammlung der Selbsterkenntnis, sind diese Ausgangspunkt von Selbstdisziplinierung und Selbstoptimierung? Im Vergleich mit anderen über das Internet wird dann ein Vergleichshorizont geschaffen, der – so die Autoren – eine Voraussetzung für das Human Enhancement darstellt. Mit dieser Grundlage wird ausgehend von einer bildungstheoretische Perspektive danach gefragt, inwiefern das Phänomen des Quantified Self eben jene Koordinaten in der Relation von Welt und Selbst verändern kann.

Algorithmen, Protokolle, Datenstrukturen und Datenbestände greifen mehr und mehr in gesellschaftliche, individuelle und kulturelle Prozesse ein; sie schreiben sich in Architekturen, Infrastrukturen und Materialitäten des alltäglichen Lebens ein, stellen Kontexte für Kommunikation, Artikulation, Kreativität, Vernetzung bereits her und nehmen somit einen integralen Bestandteil bei der Frage nach der Herstellung von Orientierungsrahmen ein. Die Behauptung, dass Code unser Leben strukturiert ist leicht aufgestellt, doch in welcher Qualität verändern die digitalen vernetzten Architekturen tatsächlich die Modi der Wahrnehmung von Welt und welche Aspekte lassen sich hieraus für bildungstheoretische Überlegungen ableiten? Benjamin Jörissen und Dan Verständig widmen sich diesen Fragen, indem sie sich dem Verhältnis von Code, Software und Subjekt aus der Perspektive der Critical Code Studies nähern und so die Komplexität erfassen, die sich entlang der Gestaltung, Umsetzung von digitalen vernetzten Architekturen entwickelt und damit auf das direkte Verhältnis zu kulturellen Anschlusspraktiken hindeuten können. Schließlich entstehen diese nicht losgelöst von den Angeboten der Software, sondern in vielfältiger und oftmals für die Nutzenden unsichtbarer Weise und sind somit zwischen Sichtbarem und Unsichtbarem gelagert. Schließlich sind die vernetzten sozialen Arenen keine bloße Ansammlung von Werkzeugen, sondern vor allem das Resultat höchst unterschiedlicher sozialer Praktiken, die durch die Werkzeuge ermöglicht werden (vgl. Benkler 2006, S. 219) und damit stets auch ausgehandelt werden.

Im Zentrum des Interesses des Beitrags von Florian Krückel steht die Frage im Mittelpunkt, inwieweit Bildung jenseits ihrer in der Moderne angelegten institutionalisierten und an das Subjekt gebundenen Form, in einer digitalisierten Lebenswelt möglich ist. Unter Rückgriff auf die kommunikationswissenschaftlichen Abhandlungen von Flusser wählt der Autor zur Beantwortung der Frage ein dreistufiges Vorgehen. Dafür wird in einem ersten Schritt erläutert, wie die menschlichen Kommunikationsstrukturen die Möglichkeiten absichtsvoll in Welt zu sein verhindern, das heißt das Subjekt der Aufklärung einschränken. In einem zweiten Schritt ist es das Ziel, die anthropologische Figur des Menschen als Projekt einzuführen, um in einem dritten Schritt aufzuzeigen, wie der Mensch aus seiner selbstverschuldeten (digitalen) Unmündigkeit hervortreten kann und welche Fragen sich die Wissenschaft, in besonderem Maß die Pädagogik, stellen kann, soll oder vielleicht sogar muss. Die vom Autor vertretenen Thesen wenden sich somit gegen obsolete Figuren des Pädagogischen wie zum Beispiel der Schule und der Universität mit dem Ziel, Räume und deren methodische Strukturiertheit zu durchbrechen. Stattdessen könne eine Kultur des Hackens ein Leben in einer pluralen, dialogischen Strukturiertheit ermöglichen, für die uns das Netz alle Möglichkeiten bietet. Damit werden Forderungen an die Pädagogik deutlich, die sich ihrer Wurzeln als Disziplin der Bewahrung von Möglichkeits- und Freiräumen besinnen soll, als Bewahrerin der Aufklärung und als Bewahrerin eines Menschenbilds – vielleicht als Projekt – jenseits stereotyper Vorstellungen des Menschen in einer digitalisierten Welt.

Im Hinblick auf das umkämpfte Netz wird das Thema der Überwachung spätestens seit Snowdens Enthüllungen zum zentralen Gegenstand der Diskussion um Selbstbestimmung und Kontrolle erhoben, dabei spielen vor allem politische

Entscheidungsprozesse eine wichtige Rolle, die den Weg zur lückenlosen Überwachung erst ebnen. Doch es wäre zu kurz gegriffen, allein die politischen Arenen in diesem Entwicklungsprozess zu betrachten, schließlich sind es ebenso auch kommerzielle Bestrebungen, die jene Überwachungstechnologien entwerfen und Angebote der Analyse bereitstellen. Daraus ergibt sich ein komplexes Spannungsverhältnis aus Ökonomie und Politik, in dem die Marktbewegungen eng mit regulatorisch-administrativen Entscheidungsprozessen verwoben sind. Der Frage, was diese Verflechtungen für die für Erziehungswissenschaft allgemein und die Medienpädagogik im Speziellen bedeutet, geht Estella Hebert in ihrem Beitrag nach. Sie thematisiert dabei das zunehmende Sammeln von Daten durch Konzerne und Staaten im Kontext von Machtverhältnissen entlang der theoretischen Abhandlungen von Zygmunt Bauman, in Verbindung zu den jüngeren Entwicklungen der Surveillance Studies. Auf dieser Basis wird dann der Bezug zu drei grundlegenden Themen verdeutlicht, die für eine erziehungswissenschaftliche und medienpädagogische Perspektive von Bedeutung sind: soziale Ungleichheit, individuelle Subjektivierungsbezüge sowie Selbst- und Fremdbestimmung. Damit macht die Autorin unter Berücksichtigung internationaler Diskurse deutlich, dass grundlegende pädagogische Fragen mit neueren Entwicklungen in der Überwachung und im Kontext von Machtstrukturen theoretisch und letztendlich auch für die pädagogische Praxis relevant sind.

Im Beitrag von Rüdiger Wild geht es um Machtmechanismen, die sich wie auch die Überwachung im Kontext von Sichtbarkeit, Unsichtbarkeit und Sichtbarmachung positionieren, dabei aber stärker auf die Schauspiele des Medialen verweisen. Im Anschluss an Foucaults Konzept der Heterotopien thematisiert er das Verhältnis von Illusion und Perfektion als strukturelle Machttechnologien des Sichtbaren und analysiert die Implikationen für eine vermittelte Kommunikation und das digitale Identitätsmanagement dezidiert am Beispiel von Online-Dating-Seiten. Als heterotopischer Ort ermöglicht das Online-Dating den Nutzenden gewisse Freiheitsgrade, da die Partnersuche je nach struktureller Umgebung eben anonym erfolgen kann, räumlich unbegrenzt und zeitlich flexibel ist. Im Raum dieses Illusionären, so der Autor, verschmelzen Fiktionen, Imaginationen und Wirklichkeiten zu medial symbolisierten und perfektionierten Sichtbarkeiten, die in ihrem verführenden Sog die Sicht auf ein mögliches Außen immer schwieriger machen. Demgegenüber steht der Wunsch nach Perfektion und das Streben nach Vollkommenheit. Dies zeichnet sich im Netz beispielsweise durch die Inszenierung und Manipulation des Selbst aus. Sei es durch die Manipulation eigener Profilbilder durch digitale Bildbearbeitung, der bewusste Rückgriff auf sprachliche Stilmittel bei der Selbstbeschreibung oder gar die grundlegende Neugestaltung der digitalen Persona. In doppelter Differenz wirkt dies sogleich aber auf das Individuum, indem kulturelle Praktiken, die ästhetischen Konventionen folgen, aufgenommen und oftmals ganz selbstverständlich ausgelebt und angenommen werden. Wenn sich nun die Rolle der Beobachter insofern verändert, dass jeder Beobachter durch die aktive Teilnahme selbst zum potenziellen Beobachteten wird, dann entfalten Heterotopien eine besondere Tragkraft, da sie etablierte Machtverhältnisse aushebeln und somit auch die eigene Verortung in der Welt insofern beeinflussen können, als dass sie gewisse Freiheiten ermöglichen und so Reflexionsangebote schaffen können.

Mit dem Beitrag von Jens Holze wird eine Perspektive der Vermachtung und Herrschaftsstrukturen eingenommen, die sich entlang der sozialen und kulturellen Praktiken im Netz in vielfacher Ausprägung vorfinden lässt. Vor dem Hintergrund der Strukturalen Medienbildung wird beispielhaft das Phänomen der *Edit-Wars* entlang der Wikipedia betrachtet. Der Autor geht der Frage nach, wie sich bei immer mehr digitaler Vernetzung ein gesellschaftlicher Konsens auf die Konstitution von Wissen entwickelt und folgt dabei einer bildungstheoretischen Perspektive in Verschränkung zur empirischen Analyse, die zudem von wissenssoziologischen Thesen gestützt werden. Die Prinzipien zur Wissenskonstruktion, so der Autor, stellen neben dem Wissen selbst einen bedeutenden Faktor dar, die nicht zuletzt durch technologische Übersetzungsprozesse immer mehr an Komplexität gewinnen und somit scheinbar ganz nebenbei zu einem grundlegenden Problem im Umgang mit Wissensbeständen selbst heranwächst. In einer doppelten Abhängigkeit sieht sich das Individuum im Zuge der Wissensproduktion immer wieder sozialen aber auch technologischen Herausforderungen gegenübergestellt. Mit Foucault gesprochen stehen Wissen und Macht in einer direkten Abhängigkeit, die im Rahmen der Kollaboration in besonderer Qualität zu beobachten ist, denn die "vereinfachende Ideologie von Partizipationskulturen mit dem Anspruch allgemeiner Inklusion verschleiert ihre eigenen editorischen Selektionsmechanismen" (Lovink 2014, S. 81) und steht den Prozessen der Wissensgenerierung selbst als Herausforderung gegenüber. Nachdem Jens Holze zunächst über die verschiedenen Dimensionen und Abhängigkeiten von Wissen und Macht aufklärt, geht er unter Rückbezug auf McLuhan der Frage nach, ob denn die Qualität des Wissens, wie es in der Wikipedia generiert wird, gar eine ganz neue ist, oder sich im Grunde bisher etablierte wissenssoziologische Theorien entlang der digitalen Enzyklopädie reproduzieren lassen. Dabei wird deutlich, dass die Beteiligung an der digitalen Wissensarbeit nicht nur auf das aktive Handeln also einer diskursiven und bestenfalls vernunftbegründeten Deliberation beschränkt sind. Auch, so scheint es, genügt eine Ergänzung dieser Strukturen um agonistische Gehalte nicht, um die Komplexität zu erfassen, denn bereits die passive Teilnahme beeinflusst den Prozess der Wissensgenerierung ebenso wie die eigene Verortung der User in der sozialen Arena. Sich eine Stimme zu verschaffen, scheint demnach mindestens ebenso wichtig, wenn es um die Analyse nach der tatsächlichen Wirkmacht der User geht. Schließlich ist ein "voice divide" (Klein 2004), also die Problematik, wer sich wie und unter welchen Bedingungen Gehör verschaffen kann, heute in den digitalen sozialen Räumen stärker denn je ausgeprägt. Für einige Menschen stellt dies gar eine besondere Herausforderung dar. Zum einen, weil sie abseitsstehen und zum anderen, weil das passende Medium fehlt. Der Beitrag von Dagmar Hoffmann beschäftigt sich mit den Potenzialen, die das Netz bietet, um auf sich und besondere Lebenslagen aufmerksam zu machen. Mit Rückgriff auf die Konzepte der Selbstbildung, der politischen Teilhabe und des Empowerments betrachtet sie, wie sich Menschen mit Behinderungen und Stigmata über das Internet mittels Blogs, Twitter etc. Gehör verschaffen und gegen soziale Benachteiligung, Diskriminierung, Stereotype sowie Unterdrückung empören. Das Netz bietet hierfür die Möglichkeit mit eigenen Beiträgen die Sichtweise und Einstellungen von anderen Menschen zu verändern und somit ihr Verständnis für andere zu wecken. Basis für die Betrachtung bilden empirisch gewonnene Daten eines Twitteraccounts und eines Wordpress-Blogs einer Nutzerin und deren Analyse. Es zeigt sich, dass Selbstbildung und Lebensbewältigung mithilfe des Internet beeindruckend gelingen kann und es durchaus möglich ist, andere Menschen über die eigene Situation mittels (Micro-)Blogging aufzuklären.

Einen anderen Blickwinkel auf die Verbreitung von Informationen nimmt Hektor Haarkötter ein, der sich mit News-Beiträgen auf YouTube beschäftigt. Grundlegend ist für ihn, dass insbesondere jugendliche Zielgruppen und Alterskohorten mehrheitlich Angebote auf YouTube als die des klassischen Fernsehens nutzen, um sich über Neuigkeiten aus Politik und Gesellschaft zu informieren. Die Untersuchung findet entlang eines zweistufigen empirischen Designs statt. Zunächst wird mittels einer Sekundäranalyse das quantitative Aufkommen von News-Angeboten eruiert, um in einem zweiten Schritt in einer quantitativen Inhaltsanalyse die Ausprägungen und Ausrichtungen der News-Kanäle herauszuarbeiten und mit dem Klassiker Tagesschau zu vergleichen. Zentral ist dabei die Frage, ob die YouTube-Kanäle ein Äquivalent zum professionellen Journalismus der Tagesschau bieten können. Die Ergebnisse werden dann schließlich im Rahmen öffentlichkeitstheoretischer Anschlussüberlegungen ausgebreitet und entlang der Frage diskutiert, inwiefern die digitalen Angebote nun hinsichtlich partizipatorischer Möglichkeiten betrachtet werden können. Entgegen klassischer Positionen, die dem Netz ihre partizipatorische Kraft absprechen, verdeutlicht der Autor in seinem Beitrag, dass die YouTube-News-Produktionen selbst als Ergebnis gesellschaftlicher Teilhabe anzusehen wären und somit eine zentrale Rolle bei der öffentlichen Meinungsbildung spielen können. Weitreichend gesehen können diese Prozesse einen bedeutenden

Einfluss auf unsere Gesellschaft haben, wenn unklar ist, ob Informationen, Weltbilder und Sozialisationsangebote zu einer neuen symbolischen Ordnung führen oder die bisher etablierte reproduziert wird. In dem letzten Beitrag des Bandes greifen Birte Heidkamp und David Kergel auf die machttheoretischen Arbeiten von Foucault zurück und ergänzen diese um die Perspektive von Butler, um dieser Frage nachzugehen. Ausgangslage des Beitrags ist, dass das Internet ein mediales Angebot darstellt, das zunehmend ein Teil unserer Wirklichkeit wird und diese auch immer mehr beeinflusst. Damit verbunden ist die Frage, wie dieser Einfluss sich auf die etablierte symbolische Ordnung der Gesellschaft auswirkt. Hierzu werden die als Basis verwendeten machtanalytischen Ansätze zunächst kurz vorgestellt. Von besonderer Bedeutung sind dabei die performativ-interpellativen Aspekte des Netzes als Freiheitsraum. Damit wird eine Denkfigur auf Aktualität geprüft, die von den Pionieren der Internetforschung, zu denen sich Howard Rheingold (1993) und Sherry Turkle (1995) durchaus zählen lassen, einst entwickelt wurde. Über die aktuelle Facebook- und Google-Identität zeigen die Autoren auf Basis von Identitätsnarrationen exemplarisch den Einfluss auf die symbolische Ordnung durch Machtmechanismen auf. Dabei kommen sie zu dem Ergebnis, dass sich weniger emanzipative Freiheitsräume im Sinne Turkles zu öffnen scheinen, sondern eher Einschließungstendenzen etablieren würden, was in der Konsequenz neue Herausforderungen in der medien-, aber auch bildungswissenschaftlichen Fokussierung mit sich bringt.

Literatur

Benkler, Y. (2006). *The wealth of networks. How social production transforms markets and freedom*. New Haven Conn.: Yale University Press.

Biermann, R., Fromme, J. & Verständig, D. (Hrsg.) (2014). *Partizipative Medienkulturen*. Springer Fachmedien Wiesbaden.

Bourdieu, P. (2001a). *Das politische Feld. Zur Kritik der politischen Vernunft*. Konstanz: UVK.

Bourdieu, P. (2001b). *Die Regeln der Kunst. Genese und Struktur des literarischen Feldes*. 1. Aufl. Frankfurt am Main: Suhrkamp (Suhrkamp Taschenbuch Wissenschaft, 1539).

Bourdieu, P., Wacquant, L. J. D. (2006). *Reflexive Anthropologie*. 1. Aufl. Frankfurt am Main: Suhrkamp (Suhrkamp Taschenbuch Wissenschaft, 1793).

Brecht, B. (1982). *Gesammelte Werke in 20 Bänden. Bd. 18. Schriften zur Literatur & Kunst 1* (1920–1939). Frankfurt am Main: Suhrkamp.

Brown, I., Marsden, C. T. (2013). *Regulating code: good governance and better regulation in the information age. Information revolution and global politics*. Cambridge: MIT Press.

Bruns, A. (2007). Produsage: Towards a Broader Framework for User-Led Content Creation. In *Proceedings Creativity & Cognition* 6, Washington, DC.

Bukow, G. C., Fromme, J. & Jörissen, B. (Hrsg.) (2012). *Raum, Zeit, Medienbildung. Untersuchungen zu medialen Veränderungen unseres Verhältnisses zu Raum und Zeit* (Medienbildung und Gesellschaft, Bd. 23). Wiesbaden: Springer VS.

Goldsmith, J. L. & Wu, T. (2006). *Who controls the Internet? illusions of a borderless world*. New York: Oxford University Press.

Hargittai, E., Hsieh, Y. P. (2013). Digital Inequality. In William H. Dutton (Hrsg.), *Oxford Handbook of Internet Studies* (S.129–150). New York: Oxford University Press.

Horkheimer M. & Adorno, T. W. (1969). *Dialektik der Aufklärung*. Frankfurt am Main: Suhrkamp.

Foucault, M. (1983). *Der Wille zum Wissen. Sexualität und Wahrheit 1*. Frankfurt am Main: Suhrkamp.

Fromme, J., Kiefer, F. & Holze, J. (Hrsg.) (2016). *Mediale Diskurse, Kampagnen, Öffentlichkeiten*. Wiesbaden: Springer Fachmedien Wiesbaden.

Iske, S., Klein, A., Kutscher, N. & Otto, H. (2007). Virtuelle Ungleichheit und informelle Bildung. Eine empirische Analyse der Internetnutzung Jugendlicher und ihre Bedeutung für Bildung und gesellschaftliche Teilhabe. In Kompetenzzentrum Informelle Bildung (Hrsg.), *Grenzenlose Cyberwelt? Zum Verhältnis von digitaler Ungleichheit und neuen Bildungszugängen für Jugendliche* (S. 65–92). Wiesbaden: Springer VS,.

Iske, S., Klein, A., & Verständig, D. (2016). Informelles Lernen und Digitale Spaltungen. In Matthias Rohs (Hrsg.), *Handbuch informelles Lernen* (S. 567–584). Wiesbaden: Verlag für Sozialwissenschaften.

Klein, A. (2004). Von „Digital Divide" zu „Voice Divide": Beratungsqualität im Internet. In Hans-Uwe Otto & Nadia Kutscher (Hrsg.), *Informelle Bildung online. Perspektiven für Bildung, Jugendarbeit und Medienpädagogik*. Weinheim: Juventa.

Lessig, L. (1999). *Code and other laws of cyberspace*. New York, NY: Basic Books.

Lessig, L. (2010). *Code. Version 2.0* (2nd ed.) [S.l.]: SoHo Books.

Lovink, G. (2014). *Das halbwegs Soziale*. Bielefeld: transcript.

Lovink, G. (2008). *Zero Comments. Elemente einer kritischen Internetkultur*. Bielefeld: transcript.

Pariser, E. (2011). *The Filter Bubble: What The Internet Is Hiding From You*. London: Penguin Press.

Pasquale, F. (2015). *The black box society. The secret algorithms that control money and information*. Cambridge: Harvard University Press.

Rheingold, H. (1993). *The virtual community. Homesteading on the electronic frontier*. Reading, Mass.: Addison-Wesley Pub. Co.

Stehr, N. (2015). *Die Freiheit ist eine Tochter des Wissens*. Wiesbaden: Springer VS.

Thiedeke, U. (2007). *Trust, but test! Das Vertrauen in virtuellen Gemeinschaften*. Konstanz: UVK..

Turkle, S. (1995). *Life on the Screen: Identity in the Age of the Internet*. New York: Simon & Schuster.

van Dijk, J. (2012). The Evolution of the Digital Divide The Digital Divide turns to Inequality of Skills and Usage. In Jacques Bus, Malcolm Crompton, Mireille Hildebrandt & George Metakides (Hrsg.), *Digital Enlightenment Yearbook 2012* (S.57–75). IOS Press, 2012.

Wu, T. (2003). Network neutrality, broadband discrimination. *Journal of Telecommunications and High Technology Law*, 2, 141–179.

Quantified Self aus bildungstheoretischer Perspektive

Thomas Damberger und Stefan Iske

1 Einleitung

Seit etwa zehn Jahren wird das Phänomen des *Quantified Self* öffentlich diskutiert (Gemmell, Bell, Lueder 2006; Bell, Gemmell 2010; Wolf 2008). Einen zentralen Ausgangspunkt bildet dabei das Self-Tracking als Aufzeichnung von biologischen und physischen Daten, aber auch von Verhaltensweisen und Umweltinformationen.[1] Das Erfassen und Speichern geschieht mithilfe unterschiedlicher Sensoren und Geräte wie z.B. Smartphone oder Smartwatch. Die erfassten Daten können dann entweder individuell weiterverarbeitet oder auch innerhalb einer Community (z.B. in Internetforen oder Ortsgruppen) geteilt und verglichen werden (Selke 2014, S. 98ff.).

Nun kann das Quantifizieren und Messen von Körperdaten und Verhaltensweisen als Ausdruck eines Strebens nach Selbsterkenntnis verstanden werden, zugleich aber auch als Ausgangspunkt von Strategien der Selbstdisziplinierung und Selbstoptimierung. In dieser Doppelperspektive kommt eine spezifische Ambivalenz von Selbst- und Fremdsteuerung zum Ausdruck, der aus bildungstheoretischer Perspektive eine hohe Relevanz zukommt.

1 Das Phänomen *Quantified Self* differenziert Selke (2014, S. 17f.) hinsichtlich der Aspekte Körpermessung, Ortsbestimmung und Aktivitätstracking, Erinnerungshilfe, digitale Unsterblichkeit und Unterwachung. In diesem Artikel beziehen wir uns schwerpunktmäßig auf die Bereiche der Körpermessung sowie der Ortsbestimmung und des Aktivitätstrackings.

Denn Bildung zeichnet sich *einerseits* dadurch aus, dass der Einzelne sich in der Konfrontation mit Welt reflexiv einholt. Erst dieses reflexive Verhältnis schafft die Möglichkeit, dass sich der Mensch in die Welt in einer sich selbst gemäßen Weise hineinbilden kann. Mithilfe von *Self-Tracking* wird in diesem Verständnis bisher Verborgenes am eigenen Körper und an den eigenen Verhaltensweisen in nummerischer Form dokumentiert und sichtbar gemacht. Damit wird etwas vom eigenen Selbst in Erfahrung gebracht, das in einem nächsten Schritt verändert bzw. verbessert werden kann. Was dieses Bessere ist, orientiert sich an dem, was zuvor als Norm definiert oder vereinbart wurde. Während im Gesundheitsbereich Normen häufig von Experten (fremd-)bestimmt werden (normale Blutwerte, normales Gewicht, normale Ausdauer etc.), besteht für die Einzelnen nun die Möglichkeit, mit einer Community gemeinsam Normen neu zu bestimmen und diese als Ausgangspunkt für das individuelle Selbstoptimierungsprogramm zu machen. Was sie aus sich machen, wird dabei nicht nur von ihnen selbst bzw. der entsprechenden Applikation erfasst, sondern zugleich auch von einer Community im weitesten Sinne evaluiert. Dies ermöglicht strukturell ein reflexives Verhältnis zur eigenen Selbstgestaltung.

Die Quantifizierung des Selbst lädt *andererseits* dazu ein, dieses Selbst nach Gesichtspunkten der Effektivität und Ökonomie zu optimieren: effizienter Sport zu treiben, sich gesünder zu ernähren, noch offene Zeitfenster sinnvoll auszufüllen etc.[2] Folgt man anstelle einer idealistischen Vorstellung von Bildung einem ökonomischen Bildungsverständnis, dann korrespondiert das permanente *Self-Tracking* mit dem Ziel, sich selbst möglichst vollständig unter Kontrolle zu bringen und entsprechend existierender bzw. zukünftiger Marktanforderungen zu optimieren. Damit wird das *Quantified Self* zur Basis bereits vorhandener bzw. in naher Zukunft greifbarer technologischer Selbstverbesserungsmöglichkeiten. Die technologische Erfassung des Menschen stellt demnach eine notwendige Bedingung für das sogenannte *Human Enhancement* dar – für die mithilfe technologischer Mittel erzeugte Verbesserung des Menschen (vgl. Damberger 2012).

Der vorliegende Artikel fokussiert die Frage der Bedeutung des Phänomens *Quantified Self* aus bildungstheoretischer Perspektive. Einen grundlegenden Ausgangspunkt bildet dabei die These, dass die *Idee einer Verbesserung des Menschen* keineswegs neu ist, sondern konstitutiv mit dem Projekt der Erziehung und der Bildung verbunden ist. Mit Wiesing (2006, S. 324) gehen wir davon aus, dass sich „die praktischen Maßnahmen und theoretischen Vorstellungen zur Verbesserung des Menschen [...] im Laufe der Geschichte jedoch erheblich gewandelt

2 Dieses dominant ökonomisch bestimmte Selbstverhältnis kann – um ein Wortspiel zu bemühen – auch als „self-fracking" bezeichnet werden.

[haben]".[3] Einen weiteren zentralen Ausgangspunkt bilden die Überlegungen Müllers (2010, S. 9), der aus einer philosophisch-anthropologischen Perspektive darauf hinweist, dass der Mensch mit Technik nicht lediglich die äußere Natur gestaltet, sondern auch sich selbst: „[…] denn Technik ist mehr: Sie konstituiert unser Welt- und Selbstsein, sie verändert die Bedingungen unseres Handelns." Mit dem Verweis auf das Projekt der Verbesserung des Menschen und die Transformation von Selbst- und Weltverhältnissen ist der bildungstheoretische Diskurs eröffnet.

2 Quantified Self aus bildungstheoretischer Perspektive

In Anlehnung an Müller (2010, S. 9) wird in diesem Artikel der Frage nachgegangen, inwiefern *Quantified Self* als spezifische Form einer Technologie Selbst- und Weltverhältnisse sowie die Bedingungen unseres Handelns verändert. Den theoretischen Ausgangspunkt bildet dabei der Ansatz der Strukturalen Medienbildung (vgl. Jörissen, Marotzki 2009; Fromme, Jörissen 2010; Verständig et al. 2015; Marotzki, Meder 2014). Als leitende Heuristik für die strukturale Analyse von Bildungspotenzialen dienen dabei die vier grundlegenden Reflexionsfelder des *Wissensbezugs*, des *Handlungsbezugs*, des Transzendenz- *und Grenzbezugs* sowie des *Biographiebezugs* (vgl. Jörissen, Marotzki 2009, S. 37):

- Die Dimension *Wissensbezug* richtet sich auf die Rahmung und kritische Reflexion der Bedingungen und Grenzen des Wissens („Wissenslagerungen", „Weltaufordnungen", vgl. ebd., S. 33).
- Die Dimension *Handlungsbezug* richtet sich auf die Frage nach den ethischen und moralischen Grundsätzen des eigenen Handelns, insbesondere nach dem Verlust tradierter Begründungsmuster. Dazu gehören insbesondere Fragen nach einem möglichen und nützlichen Gebrauch von Wissen; nach Handlungsoptionen und intendierten bzw. nicht-intendierten Nebenfolgen; wie der Einzelne sich zu sich selbst (aber auch zur Welt und zu seinen Mitmenschen) gerade auch angesichts neuer Technologien verhalten soll.
- Die Dimension *Transzendenz- und Grenzbezug* fragt nach dem Verhältnis zu dem, was von Rationalität und Wissenschaft nicht erfasst werden kann: „Das was eingegrenzt wird, enthält in sich bereits den Bezug zu dem eigenen Gegen-

3 Als eine zentrale qualitative Veränderung arbeitet Wiesing (2006) den Wandel von einer *restitutio ad integrum* „[…] innerhalb der von der Natur vorgegebenen Möglichkeiten" (ebd., S. 325) zu einer *transformatio ad optimum* als einer Veränderung der vorgegebenen, natürlichen Möglichkeiten heraus.

teil: Rationalität verweist auf Irrationalität, Vernunft auf Unvernunft, das Eigene auf das Fremde" (ebd., S. 34).

- Die Dimension *Biographiebezug* fragt nach dem Menschen als Reflexion auf das Subjekt und als Frage nach Identität und ihren biographischen Bedingungen. Zentral sind hierbei wertende Orientierungsleistungen, die sich auf subjektive Relevanzen und Orientierungen beziehen.

Diese Heuristik der Analyse von Bildungspotenzialen kann mit Blick auf das Phänomen *Quantified Self* in diesem Artikel weder vollständig noch systematisch entfaltet werden. Daher werden in einem ersten Schritt die Dimensionen des *Wissens-* sowie des *Transzendenz-* und *Grenzbezugs* von *Quantified Self* diskutiert. Daran anschließend wird den Fragen der *Orientierung*, der *Flexibilisierung* des eigenen Selbst- und Weltbezugs sowie der Frage einer möglichen *Dezentrierung* eigener Wertorientierungen und Deutungsmuster nachgegangen.

3 Wissens-, Transzendenz- und Grenzbezug

Den Selbstanspruch der *Quantified Self-Bewegung* bringt Gary Wolf in seinem 2008 im New York Times Magazine publizierten Beitrag *The Data-Driven Life* auf den Punkt: Selbsterkenntnis durch Zahlen („selfknowledge through numbers"). Wenn Selbsterkenntnis historisch ausgesprochen eng mit dem Projekt der Erziehung, der Bildung und der Aufklärung verbunden ist, kann *Quantified Self* als ein solches Projekt verstanden werden?

Die wohl frühesten Überlegungen zur Bildung verdanken wir Platon. Im 7. Buch seiner *Politeia* zeichnet er das, worum es im Kern im Zusammenhang mit Bildung geht, in Form von Gleichnissen nach, von denen das *Höhlengleichnis* wohl das bekannteste ist.[4] Die Ausgangssituation besteht darin, dass der Mensch in einer Scheinwelt gefangen ist, ohne sich dessen bewusst zu sein. Aus dieser Scheinwelt wird er von einem anderen Menschen (dem Pädagogen) befreit, der ihn aus der Höhle schrittweise hinausführt und zuletzt in die Lage versetzt, in die Sonne – ins Reich der Ideen – zu blicken. Der auf diese Weise in immer höhere Erkenntnisebenen aufsteigende Mensch ist zuletzt in der Lage zwischen dem zu unterscheiden, was *wahr ist* und dem, was lediglich *wahr scheint*. Die Fähigkeit,

4 Die Form des Gleichnisses verfolgt das Ziel, sich selbst in der Erzählung zu erkennen und seine Situation bzw. sein Handeln zu reflektieren und ggfs. zu verändern. Dieses Ziel wird – im Gegensatz zu *Quantified Self* – nicht über Zahlen angestrebt, sondern über bildhafte Rede und bildhafte Vergleiche.

das Wahre vom Scheinbaren unterscheiden zu können, ist allerdings erst einmal noch nicht viel mehr, als ein grundsätzlich vorhandenes Vermögen. Das Vermögen muss praktisch werden, und es wird praktisch, indem Platon den befreiten Troglodyten zurück ins Dunkel der Höhle schickt, um dort das, was sinnlich wahrgenommen wird, als Ausdruck einer zugrundeliegenden Idee verstehen zu können.

Tatsächlich kann das Höhlengleichnis nur dann umfassend verstanden werden, wenn auch die platonische Anthropologie Berücksichtigung findet. Platon geht von einer unsterblichen Seele aus, die im vergänglichen Leib (der Höhle) zeitlebens gefangen ist. Erst nach dem Tod wird die Seele in die Heimat, ins ewige Reich der Ideen, zurückkehren. Wenn wir die Seele als das Wesentliche des Menschen verstehen, dann bedeutet Selbsterkenntnis, dass die Seele sich selbst in Erfahrung bringt, und das möglichst schon zu Lebzeiten, erweist es sich doch als Sinn und Zweck eines uns gemäßen und in diesem Sinne sinnvollen Lebens, dass wir von dem, was wir wahrhaft sind, wissen. Nun kann die Seele sich selbst aber einzig und allein dadurch erkennen, dass sie sich in etwas spiegelt, das ihr gleicht. Der Mensch kann sich folglich nur in einem anderen Menschen erkennen, genauer: die Seele nimmt sich in der Begegnung mit der Seele des Anderen reflexiv wahr.

Platon schildert uns die Selbsterkenntnis pointiert, indem er Sokrates mit dem jungen Alkibiades in einen Dialog treten lässt. Alkibiades ist in der scheinbar glücklichen Situation, dass er alles hat, was man sich wünschen kann: Reichtum, Jugend, Gesundheit und nicht zuletzt gutes Aussehen. Es gibt aber dennoch etwas, das Alkibiades noch nicht hat, jedoch unbedingt anstrebt: mehr Macht. Während sich nun die Mitmenschen nach und nach vom eingebildeten Alkibiades abwenden, gelingt es Sokrates, ihn erkennen zu lassen, dass Alkibiades allein mit seiner Hilfe seinem Ziel, mehr Macht zu erlangen, näherkommen kann (vgl. Platon 2015, S. 130). Sokrates geht dabei überaus geschickt vor: Mit klugen Fragen führt er Alkibiades vor Augen, dass dieser nichts hat, was von Bedeutung ist und dass dieser darüber hinaus weder wirklich etwas weiß noch wirklich etwas kann, weil er sich selbst und alles, was sein Wesen auszeichnet, bisher noch nicht in Erfahrung gebracht hat. Wie also kann er etwas besitzen oder etwas wollen, wenn er nicht weiß, wer und was dieses Ich ist, das etwas zu haben oder zu wollen vorgibt? Was Alkibiades *wesentlich ist*, kann er ausschließlich in der Begegnung mit einem Wesen erkennen, das ihm gleicht: die Seele braucht eine andere Seele, um sich in ihr gespiegelt wahrzunehmen.

Dabei reicht allerdings die bloße Selbstwahrnehmung der Seele im Anderen nicht aus. Vielmehr geht es darum, in den edelsten Teil der Seele des Anderen hineinzusehen, um dort wiederum den edelsten Teil der eigenen Seele zu erblicken. Dieser besonders Seelenteil ist bei Platon die Vernunft. Derjenige, der sich selbst als seinem Wesen nach vernünftig erkannt hat, ist zumindest prinzipiell auch in der Lage, vernünftig, sprich: weise und besonnen zu handeln. Wenn Alkibiades also nach Macht strebt, dann zeichnet sich wahre Macht im vernunftgemäßen Machen, im weisen und besonnenen Handeln aus.

Mit Zahlen hat diese Form der Selbsterkenntnis nichts zu tun. Im Gegenteil deutet Platon auf etwas hin, das weit jenseits von zahlen- und datenmäßig Erfasstem liegt. Ihm geht es gerade darum, dass Seele und Vernunft *nicht* gefasst, *nicht* begriffen, sondern nur in der Begegnung mit einer anderen Seele *geschaut* werden können. Das Wesentliche ist unbegreifbar und erweist sich gerade als das Andere des Begriffs. Allerdings muss auf dieses Wesentliche hingedeutet werden. Alkibiades bedarf, um seine Seele erblicken zu können, nicht irgendeines Menschen, sondern der Hilfe Sokrates´, der bereits weiß, was das dem Menschen Wesentliche ist und der zugleich in der Lage ist, seinem Gesprächspartner fragend den Weg zu weisen, dieses Wesentliche in den Blick zu nehmen (sokratischer Dialog). Selbsterkenntnis bedarf bei Platon eines führenden, helfenden und begleitenden Menschen.

Nun ist die Idee, die es im Zuge einer als Erkenntnisaufstieg verstandenen Bildung zu schauen gilt, bei Platon gleichzusetzen mit dem Guten. Vernünftiges Handeln, das einzig und allein aus einer gelungenen Selbsterkenntnis resultieren kann, ist demnach zugleich gutes Handeln. Das gute Handeln spielt auch in Kants bildungstheoretischen Überlegungen eine entscheidende Rolle. Kant stellt mit Blick auf den Menschen drei Fragen: Was kann ich wissen? Was soll ich tun? Was darf ich hoffen? Gerahmt werden diese von der grundsätzlichen Frage: Was ist der Mensch? (Kant [1781/1787] 1974, S. 677; vgl. auch: Jörissen, Marotzki 2009, S. 31ff.).

Für Kant ist der Mensch erst einmal Bürger zweier Welten. Als Körperwesen ist er Teil der *empirischen* Welt. Als ein Wesen, das in einer besonderen Weise denken kann, gehört er zugleich der *intelligiblen bzw. transzendentalen* Welt an. Er ist demzufolge nicht allein dem Gesetz von Ursache und Wirkung unterworfen, sondern kann aus sich heraus selbst Dinge bewirken: der Mensch ist frei. Diese Freiheit ist jedoch zugleich auch der Grund für das Böse in der Welt. Wer frei ist, kann lügen, quälen und töten. Damit der Mensch seine Freiheit nicht auf diese Weise einsetzt, sondern vielmehr Gutes bewirkt, ist aus Kants Sicht eine moralische Bildung vonnöten. Eine solche Bildung zur Moralität entspricht dem Wesen des Menschen, denn wesentlich und von Natur aus ist der Mensch gut. Genauer: Es ist eine transzendental-anthropologische Voraussetzung, die Kant setzt und die darin besteht, dass der Mensch Anlagen zum Guten hat. Diese Anlagen gilt es zu entfalten, also: wirklich werden zu lassen: „Der Mensch soll seine Anlagen zum Guten erst entwickeln; die Vorsehung hat sie nicht schon fertig in ihn gelegt“ (Kant [1803] 1984, S. 32). Gelingt ihm das, hat der Mensch seine Bestimmung erreicht.

Erst dann ist er ganz und gar Mensch geworden. Der Weg, den Kant vorschlägt, führt über die Disziplinierung der Wildheit, über das Vermitteln von Kulturtechniken und das Erlernen und Beherrschen von Regeln, Normen und Gesetzen einer Gemeinschaft bis hin zum moralischen Handeln. Während nun aber Disziplinierung, Kultivierung und Zivilisierung mit erzieherischer Unterstützung stattfinden, kann die Moralisierung ausschließlich aus eigenem Willen heraus geschehen. Moralisches Handeln meint einerseits ein Handeln gemäß dem kategorischen Imperativ, aber – und das ist das Entscheidende – dieses Handeln muss aus eigener Überzeugung heraus erfolgen. Der Mensch, der zur Vernunft gelangt ist, wird aus freien Stücken so handeln wollen, dass er die Menschheit sowohl in der eigenen Person als auch in der einen jeden anderen Menschen immer als Zweck an sich betrachten wird.

Selbsterkenntnis bedeutet also bei Kant, die eigene Freiheit zu erkennen und sich aus dieser Freiheit heraus in einer jeden Handlung auf´s Neue einem Gesetz zu unterwerfen, das die eigene Freiheit und(!) die Freiheit des Anderen bewahrt. Auch hier haben wir es mit einem (freien) Selbst zu tun, das unantastbar und unbegreifbar ist. Was wir sind, entzieht sich unserem direkten und unvermittelten Zugriff. Bei jedem Versuch, das uns Wesentliche festzustellen, verfehlen wir uns. Was auch immer wir von uns begreifen, feststellen, erfassen – es deutet (bestenfalls) auf eine Lücke hin. Wir sind nicht identisch mit den Zahlen, die wir von und über uns selbst sammeln und auch nicht mit der Summe der Muster, die aus all diesen Zahlen resultieren.

Klaus Mollenhauer verdanken wir den Hinweis, dass Identität nichts weiter als eine Fiktion ist. Dennoch ist diese Fiktion eine für den Bildungsprozess notwendige, denn sie nötigt uns dazu, anzuerkennen, dass wir genauso gut ein Anderer sein könnten (vgl. Mollenhauer 2003, S. 158f.). Identität ist etwas, das wir weder haben, noch sind. Nichtsdestotrotz versuchen wir, diese Identität herzustellen, indem wir uns auf die Zukunft hin entwerfen. Im Entwurf transzendieren wir das faktisch Gegebene mit dem Ziel, eins mit dem Entwurf zu werden. Wir sollen also nicht nur werden, wozu wir uns entwerfen, sondern es ganz und gar sein. Damit verweist der Entwurf auf eine ontologische Lücke, die Sartre als ein *Nichts an Sein* charakterisiert, ein Nichts, das nicht überwunden werden kann, weil es nichts gibt, das zu überwinden wäre (vgl. Sartre [1943] 2007, S. 170). Diese ontologische Lücke zeichnet nicht nur das Menschsein aus, sondern stellt zugleich den Grund für jegliches Bildungsstreben dar. Das Streben nach Bildung – und jeder Entwurf, jeder Versuch, die Identität mit sich selbst zu erreichen, ist Ausdruck dieses Strebens – ist der Wunsch, die Seinsfülle zu erreichen. In Anlehnung an Hegel spricht Sartre hier vom An-sich-sein. Nur: Das An-sich-sein soll im Gegensatz zu den Dingen in der Welt, die allesamt an sich sind, von sich selbst als An-sich-Sein wissen. Das aber setzt ein Bewusstsein von sich voraus, und die ontologische Bedingung für ein solches Selbstbewusstsein ist ein hinreichend großes Getrenntsein von sich selbst: Der Mensch will im An-sich-sein für sich sein, er will die in der Identität aufgehobene Nicht-Identität, er will das ganz und gar paradoxe An-und-für-sich-sein, das unerreichbar bleiben muss (vgl. Damberger 2012, S. 88f.). Was bleibt, ist die Möglichkeit, das Selbst immer wieder in der Bildungsbewegung zu erhellen und aufleuchten zu lassen.

Die Frage, was dieses Selbst ist, beantwortet Karl Jaspers in einer spezifischen Weise: Das Selbst ist das Eigene, und das Eigene ist das, was der Mensch wesentlich ist, nämlich Existenz (vgl. Jaspers 1956, S. 24ff.). Es handelt sich bei der Existenz – ein Ausdruck, der allein auf den Menschen anwendbar ist – um etwas empirisch nicht Fassbares, nicht Objektivierbares. Existenz meint die Freiheit des Menschen, eine Freiheit, die es zu erhellen gilt. Jeanne Hersch, Philosophin und Schülerin von Jaspers, beschreibt die als Selbsterkenntnis zu verstehende Existenzerhellung wie folgt: „[S]ie besteht keineswegs darin, diesen oder jenen Bereich oder Aspekte der Existenz auf Objektivierbares zurückzuführen; sie enthüllt im Gegenteil deren irreduzible Tiefe, so wie ein Lichtstrahl die schwarze Tiefe eines Brunnens aufscheinen lässt." (Hersch 1990, S. 34). Das Aufscheinen-lassen der schwarzen Tiefe des Brunnens kann für Jaspers nur im Zuge existenzieller Grenzerfahrungen geschehen. Eine davon ist der Kampf, und Kämpfe finden (auch) immer dann statt, wenn Menschen miteinander kommunizieren: Die gängige Art der Kommunikation ist die *alltägliche*. Hier geht es vorwiegend um Informationsaustausch. Jaspers zufolge wird bei der alltäglichen Kommunikation das Persönliche weitestgehend zurückgehalten, weil es die Eindeutigkeit des Informationsgehalts verwässert. Das ist auch dann der Fall, wenn scheinbar Persönliches als Schmiermittel für den möglichst reibungslosen Informationsaustausch eingesetzt wird. Im Vordergrund stehen objektive Fakten, und die ideale Kommunikation wäre sicherlich die, bei der es ausschließlich um Fakten geht, die nicht interpretiert werden müssen und unvermittelt weiterverarbeitet werden können. Für solche reinen, maschinell weiterverarbeitbaren Fakten haben wir heute den Begriff *Data*.

Einer solchen alltäglichen Kommunikation stellt Jaspers eine zweite gegenüber, die er *existenzielle Kommunikation* nennt. Sie zeichnet sich dadurch aus, dass es ihr nicht um objektive Fakten geht (die übrigens häufig einen das eigene Selbst schützenden Charakter haben). Es geht auch nicht darum, den Anderen im Gespräch zu besiegen, wie es seit dem Aufkommen der sophistischen Rhetorik bis in die heutigen politischen Talkshows hinein oftmals praktiziert wird. Jaspers plädiert für eine Kommunikation, die er als *liebenden Kampf* bezeichnet. Diese Form der Kommunikation soll an einem Beispiel aus Daniel Kehlmanns Roman *Die*

Vermessung der Welt verdeutlicht werden. In einer Szene des Romans treffen Alexander von Humboldt, Carl Friedrich Gauß und dessen Sohn Eugen aufeinander:

> „Der da schreibt Gedichte. Gauß wies mit dem Kinn auf Eugen. Tatsächlich, fragte Humboldt. Eugen wurde rot.
> Gedichte und dummes Zeug, sagte Gauß. Schon seit der Kindheit. Er zeige sie nicht vor, aber manchmal sei er so blöd, die Zettel herumliegen zu lassen. Ein mieser Wissenschaftler sei er, aber als Literat noch übler.
> [...] Der lasse sich nämlich aushalten. Sein Bruder sei wenigstens beim Militär. Der da habe nichts gelernt, könne nichts. Aber Gedichte!
> Er studiere die Rechte, sagte Eugen leise. Und dazu Mathematik!
> Und wie, sagte Gauß. Ein Mathematiker, der eine Differenzialgleichung erst erkenne, wenn sie ihn in den Fuß beiße. Daß ein Studium allein nichts zähle, wisse jeder: Jahrzehntelang habe er in die blöden Gesichter junger Leute starren müssen. Von seinem eigenen Sohn habe er Besseres erwartet.“ (Kehlmann 2009, S. 222).

Der letzte Satz enthält den entscheidenden Hinweis. Gauß erwartet in der fiktiven Darstellung etwas von seinem Sohn, und zwar etwas Bestimmtes, in diesem Fall: mathematisches Talent. Alles andere ist bedeutungslos. Dass Eugen Gedichte schreibt, wird negiert, zu Nichts gemacht, denn es ist nun einmal nicht das, was erwartet wird. Das Gegenteil der Erwartung, der es um eine zuvor bestimmte Sache geht, ist das Warten. Das Warten geht einher mit einer besonderen Haltung, die man als ein Offensein für das Unerwartete bezeichnen kann.[5] Die *existenzielle Kommunikation* ist von dieser offenen, wartenden Haltung geprägt. Sich dem Anderen in der offenen Weite zuwendend scheint für den Anderen die Möglichkeit auf, sich ebenfalls jenseits eines Sich-schützen- oder den Anderen Unter-werfenwollens zu öffnen. In einer solchen schutzlosen Begegnung zweier Menschen kann sich das Wesentliche (die Existenz) entfalten und sich am jeweils anderen erfahren. Auf diese Weise vermag sich in einem liebenden, den Anderen wertschätzenden Kampf die eigene Existenz an und mithilfe des Anderen bewahrheiten. Doch auch hier gilt: Was da an existentieller Erfahrung eingeholt wird und in der Existenzerhellung an Freiheit aufscheint, bleibt für beide Kommunikationspartner unverfügbar. Das wesentlich Menschliche ist auch bei Jaspers unbegreifbar und insbesondere nicht mess- oder quantifizierbar.

5 Vgl. das Konzept der *Tentativität* im Ansatz der Strukturalen Medienbildung (Jörissen, Marotzki 2009).

4 Exkurs: Bildung unter ökonomischer Perspektive

Neben einer bildungstheoretischen Interpretation des Bildungsbegriffs stehen gegenwärtig eine Vielzahl weiterer Interpretationen (vgl. Ehrenspeck 2006, S. 67ff.), die sich hinsichtlich des grundlegenden Verständnisses, grundlegender Verwendungsweisen sowie -kontexte unterscheiden. In allgemeiner Perspektive differenziert Jörissen (2011) diese Perspektiven in *öffentlich-politisch-administrativ* fokussierte Diskurse (Bildung als standardisierbarer und evaluierbarer Output des Bildungswesens); *praxistheoretisch-pädagogisch* fokussierte Diskurse (Bildung als erzielbares Ergebnis vorangegangener individueller Lernprozesse) sowie *begrifflich-theoretisch* fokussierte Diskurse (Bildung als qualitativ-empirisch rekonstruierbarer Prozess der Transformation von Selbst- und Weltverhältnissen). Die Diskussion des Phänomens *Quantified Self* ist gegenwärtig dominant im öffentlich-politisch-administrativen Diskurs eingebettet, in dem Bildung insbesondere unter ökonomischer Perspektive, d.h. hinsichtlich ökonomischer Verwertbarkeit und Nützlichkeit diskutiert wird. Aus bildungstheoretischer Sicht erscheint diese Perspektive jedoch als verkürzt und eindimensional.

Seine historischen Wurzeln hat diese auf ökonomische Wertgenerierung reduzierte Auffassung von Bildung in der Zeit des Übergangs von der Ständegesellschaft (Feudalsystem) zur funktional-differenzierten Gesellschaft (Industrialisierung). Spätestens mit den preußischen Reformen zu Beginn des 19. Jahrhunderts wurde die Entfesselung der *subjektiven* von den *objektiven Produktivkräften* eingeleitet (vgl. Sesink 2001, S. 71ff). Der Bauer auf dem Land war von nun an kein Leibeigener mehr, sondern frei, allerdings auch frei von den Werkzeugen und Gerätschaften, die nötig waren, um seine Arbeitskraft wirksam werden zu lassen. Rund um die Manufakturen und Fabriken der Städte, in denen die objektiven Produktionskräfte vorhanden waren, aber Arbeitskräfte fehlten, entstand nach und nach ein Arbeitsmarkt.

Für den nun freien Menschen war es überlebenswichtig, an die objektiven Produktionsmittel zu gelangen, und er gelangte an diese Mittel, indem er sich für den Arbeitsmarkt konkurrenzfähig machte. Nur so eröffnete sich ihm die Chance, dass seine Arbeitskraft vom Arbeits*geber* gekauft wurde, und allein auf diesem Wege konnte er als Arbeit*nehmer* an die finanziellen Mittel gelangen, um seine Existenz zu sichern.[6] Erforderlich war es hierzu, auf der einen Seite offen für das

6 Bereits in den Begriffen kommt ein spezifisches (politisches) Verständnis zum Ausdruck: In einem alternativen Verständnis ist der Arbeit*geber* die Person, die seine/ihre Arbeitskraft zur Verfügung stellt und der Arbeit*nehmer* die Person, die diese Arbeitskraft *kauft*.

zu sein, was konkret auf dem Arbeitsmarkt an Anforderungen verlangt wird. Auf der anderen Seite war es entscheidend, die eigenen tatsächlich vorhandenen Fähig- und Fertigkeiten, aber auch die Potenziale in den Blick zu nehmen. Zuletzt galt es beides aufeinander zu beziehen und *Bildung* und *Ausbildung* entsprechend der individuellen Entfaltung und gesellschaftlichen (Markt-)Anforderungen in ein Passungsverhältnis zu bringen.

Das erforderliche Mittel, um attraktiv für potenzielle Arbeitgeber zu werden, war folglich die Bildung im Sinne einer zweckmäßigen Selbstgestaltung. Anders formuliert: Bildung galt von nun an (zumindest auch) als entscheidendes Mittel zur Wertgenerierung – und genau dies ist es, was bis heute fortwirkt. Wie viel wir – im ökonomischen Sinne – Wert sind, sehen wir anhand der Zahl auf unserem Lohnzettel und zuletzt an der Summe auf unserem Konto. Dass Bildung zunehmend allein unter ökomischen Gesichtspunkten verstanden wird, erleben wir spätestens seit den 1960er Jahren. Denn seit dieser Zeit versteht sich die OECD (Organisation for Economic Cooperation and Development) als zentraler Akteur, der offensiv das Ziel verfolgt, wirtschaftliche Konzepte in den jeweiligen nationalen Bildungssystemen zu verankern. Was Bildung jenseits des Ökonomischen an Werten generiert, ist nicht nur nicht messbar und in diesem Sinne unbegreifbar, sondern wird darüber hinaus marginalisiert: Es ist „eigentlich wertlos".

Im Kontext der historischen Entstehung des Bildungsbegriffs zwischen ständisch-strukturierter und funktional-differenzierter Gesellschaft verortet Meder (2014) den radikal (gesellschafts-)kritischen Gehalt des Bildungsbegriffs, den er als politischen Kampfbegriff versteht.

Die gesellschaftliche Sprengkraft des Bildungsbegriffs sieht er in dessen Postulat begründet, dass der Mensch nicht mehr durch seine Herkunft bestimmt sei, sondern vielmehr durch sich selbst, durch seine Individualität. Es gelte daher, zunächst die Individualität und das Potenzial des Individuums so optimal wie möglich zu entfalten. Diese „Entfaltung der Kräfte zu einem Ganzem" wird mit Humboldt ([1792] 1967) als Kern des neuzeitlichen Bildungskonzeptes verstanden. Der Prozess der *Bildung* als allseitige Entfaltung der Kräfte bildet dann die Grundlage für den Prozess der *Ausbildung*, der auf den Erwerb spezifischer Fähigkeiten und auf spezifische gesellschaftlich-ökonomische Funktionen gerichtet ist.

Der Begriff Bildung steht insbesondere in Gegnerschaft zur Ständegesellschaft, da das *Leistungs- bzw. Individualprinzip* funktional-differenzierter Gesellschaften anstelle und gegen das *Herkunftsprinzip* gesetzt wird: „Nicht diejenigen, die zufällig als Nachkommen eines/r Funktionsträger_in geboren wurden, sollen neue Funktionsträger_innen werden, sondern diejenigen, die es vergleichsweise am besten *können*" (Meder 2014, 223). Die Reproduktion der Gesellschaft basiert dementsprechend auf Selektion (qua Leistung) im Gegensatz zu Allokation (qua Geburt bzw. Herkunft).[7]

Am Prinzip der Selektion qua Leistung, das mit dem Bildungsbegriff verknüpft ist, wird die Verbindung zu den Ideen der Selbstverbesserung, der Selbstverwirklichung und der Konkurrenz deutlich – sie können in dieser Hinsicht als Nebeneffekt des Bildungsbegriffes unter den Bedingungen eines kapitalistisch organisierten Wirtschaftssystem verstanden werden.[8]

> „Wenn der/die Bestmögliche eine vakante Funktionsstelle in der Gesellschaft einnehmen soll, dann muss er/sie auch identifizierbar sein. Diese Identifikation geschieht in erster Linie über sozialen Vergleich. Um den/die Bestmögliche_n zu finden, muss daher gesellschaftlich Konkurrenz etabliert und kultiviert werden. Darüber hinaus muss der/die Einzelne dazu gezwungen werden, bei dieser Konkurrenz mitzuspielen. Er/Sie muss internalisieren, dass er/sie sein/ihr Optimum entwickeln *muss* und dass er/sie daran im gesellschaftlichen Vergleich gemessen wird. Selbstverwirklichung als optimale Entwicklung der eigenen Ressourcen wird zum gesellschaftlichen Diktat." (Meder 2014, 229).

Wenn der Wert des Menschen in Form von Zahlen repräsentiert werden kann, und der Mensch in dem, was er ist, mehr und mehr mit diesem Wert identifiziert und gleichgesetzt wird, ergibt eine Quantifizierung des Selbst mit dem Ziel der Selbsterkenntnis durch Zahlen freilich Sinn. Dabei geht es nicht nur darum, Arbeitsaufwand (Workload), erbrachte Prüfungsleistungen oder die Leistungen, die der eigene Körper zustande bringt, zahlenmäßig zu erfassen. Es geht vor allem darum, das so in Erfahrung Gebrachte in einem nächsten Schritt zu optimieren. Und diese Optimierung ist zwingend erforderlich, denn der Wert in einem ökonomischen System, das ein kapitalistisches ist, ist immer vom Verfall bedroht.

---

7 Dass das Herkunftsprinzip und die damit verbundenen Prozesse der Allokation im Übergang von der Ständegesellschaft zur funktional-differenzierten Gesellschaft – entgegen dem eigenen Selbstverständnis – auch in der gegenwärtigen, funktional-differenzierten Gesellschaft eine zentrale Bedeutung zukommt, zeigen für Deutschland nicht zuletzt die PISA-Studien eindrucksvoll. Genau an dieser Stelle hat nach Meder ein kritischer Bildungsbegriff anzusetzen (s. auch Euler 2003 und Sesink 2001).

8 Historisch gesehen war zunächst unklar, welche Form eines Wirtschafts- und Gesellschaftssystems sich nach dem Feudalsystem herausbilden würde. So kann es ausgehend von Humboldts „Theorie der Bildung des Menschen" auch als Pflicht eines Staates verstanden werden, dem Einzelnen einen der individuellen und optimalen Entfaltung entsprechenden Platz in der Gesellschaft zu ermöglichen: „Angesicht der Ressourcen, die in der Allgemeinbildung entwickelt werden, muss die Gesellschaft die Orte (Funktionen) schaffen, an denen die humanen individuellen Ressourcen zu allozieren sind" (Meder 2007, 228).

Das Prinzip des Kapitalismus hat Benjamin Franklin mit seiner Formel: „Zeit ist Geld“ 1748 auf den Punkt gebracht. Zeit, die nicht sinnvoll, d.h. nicht im ökonomischen Sinne produktiv genutzt wird, hat eine Wertreduktion des Bestehenden zur Folge. Das Beibehalten des status quo bedeutet faktisch das genaue Gegenteil – wer nicht daran arbeitet, besser zu werden, mehr zu schaffen, als er bisher geschafft hat, wird weniger konkurrenzfähig sein. Die Konsequenz ist eine letztlich strukturbedingte und umfassende Beschleunigung, die Hartmut Rosa in mehreren seiner Arbeiten pointiert herausgearbeitet hat (vgl. u.a. Rosa 2009, S. 77ff.). Diese Beschleunigung betrifft auch die technologische Entwicklung, worunter gerade auch auf dem Konzept des *Self-Tracking* beruhende Smartphone-Apps und Geräte zählen.

Die Quantifizierung des Selbst ist in dieser Hinsicht lediglich ein erster Schritt zu dem, was mehr und mehr als *Human Enhancement* – also Verbesserung bzw. Selbstverbesserung des Menschen mithilfe neuer Technologien – diskutiert wird. Aus bildungstheoretischer Sicht sind dabei zwei Fragen entscheidend: 1. Was genau wird eigentlich im Rahmen der Selbstvermessung erfasst? 2. Auf welches Ziel hin wird verbessert?

Mit Blick auf die Beantwortung der ersten Frage wurde bereits deutlich, dass es bei der Selbstvermessung gerade nicht mehr darum geht, das Unbegreifbare reflexiv einzuholen, sondern das Noch-nicht-Erfasste bspw. mithilfe neuer digitaler Technologien festzustellen. Das prinzipiell Unbegreifbare existiert in einem Denken, das auf vollständige Quantifizierung und Kontrolle gerichtet ist, schlichtweg nicht (vgl. Damberger 2016, S. 35f.).

Was im Zuge des *Self-Tracking* erfasst wird, muss zuvor als erfassbar bestimmt worden sein. Wir haben es also mit einer *erwartenden Haltung* – in Angrenzung zum Warten im Sinne einer Offenheit für das Unerwartete – zu tun. Eine solche Haltung, die jeglichem *Self-Tracking* zugrunde liegt, negiert alles Unbekannte und gleicht damit einem permanenten Zerstören des Neuen schon im Augenblick des Aufscheinens. Die auf Selbst-Ökonomisierung gerichtete Form des *Quantified Self* ist daher seinem Wesen nach zutiefst unpädagogisch – und insbesondere kein Projekt der Bildung oder Aufklärung.

5 Orientierung, Flexibilisierung, Dezentrierung und Reflexion

Welches Potential zur Orientierung, Flexibilisierung, Dezentrierung und Reflexion von Welt- und Selbstverhältnissen steckt auf struktureller Ebene in *Quantified Self*? Grundlegend kann das Phänomen *Quantified Self* als Reaktion und spezifische Antwort auf Orientierungskrisen der (Post)Moderne verstanden werden, als Antwort auf Erfahrungen der Kontingenz, der Unsicherheit, der Unordnung und der Nichtkontrollierbarkeit. *Quantified Self* erscheint in dieser Perspektive als spezifische Form der Reduktion von Komplexität (Was kann ich wissen? Wie soll ich handeln? Was darf ich hoffen? Wer bin ich?). Das Versprechen bzw. das Selbstverständnis der *Quantified Self*-Bewegung kann damit als Indikator für spezifische Problemlagen und Bedürfnisse verstanden werden.

Deutlich werden an dieser Stelle Unterschiede des Umgangs mit Orientierungskrisen. Der Ansatz des *Quantified Self* verspricht und ermöglicht Orientierung auf der Ebene konkreter Handlungen (Kriterien, Referenzwerte, Handlungsanweisungen, u.a.m.) – Unbestimmtheit wird in Bestimmtheit transformiert.[9] Im Rahmen des Ansatzes Strukturaler Medienbildung wird hingegen der Umgang mit Orientierungskrisen in Hinblick auf Flexibilisierung, Dezentrierung, Reflexion und Tentativität von Selbst- und Weltverhältnissen analysiert. Damit entzieht sich der Umgang einfachen Handlungsanweisungen. In dieser Perspektive kann „Bildung nicht länger als Überführung von Unbestimmtheit in Bestimmtheit verstanden werden" (Jörissen & Marotzki 2009, S. 20).

Eine weiterer Unterschied wird deutlich bei der Einschätzung der Bedeutung von Orientierungskrisen und dem Umgang mit Orientierierungskrisen. Im Ansatz des *Quantified Self* soll gerade das Problem des Nichtwissens über sich selbst in Form der Aufzeichnung möglichst umfassender Daten „gelöst" werden. Die Orientierungskrise, die durch dieses Nichtwissen entsteht, soll durch die Grundoperationen des *capture, storage, query, analysis* und *visualisation* bearbeitet werden. Auch im Ansatz der Strukturalen Medienbildung wird davon ausgegangen, dass Orientierungskrisen Unsicherheiten erzeugen. Gleichzeitig werden durch Orientierungskrisen jedoch auch Freiräume für neue Orientierungsprozesse geschaffen (vgl. Jörissen & Marotzki 2009, S. 15). Mit Blick auf das Phänomen *Quantified Self* ist in dieser Hinsicht kritisch zu fragen (und empirisch zu analysieren), inwiefern die Herstellung von Bestimmtheit durch *Quantified Self* Unbestimmtheitsbereiche ermöglicht und eröffnet. Denn gerade diese Unbestimmtheitsbereiche sind zentraler Ausgangspunkt für „tentative, experimentelle, umspielende, erprobende, innovative, Kategorien erfindene, kreative Erfahrungsverarbeitung" (ebd., S. 21), die gerade auch subversive und nicht-intendierte Handlungsformen einschließt.

Ausgehend von der Grundstruktur ist *Quantified Self* dominant im Feld der Suche nach *einfachen* Orientierungsschemata zu sehen, das häufig von ideologischen

9 Diese Transformation von Unbestimmtheit in Bestimmtheit liegt auch in dem Fall vor, dass (Grenz)Werte in einer Community ausgehandelt und daran anschließend als selbstdefinierte Grenzwerte anerkannt werden.

oder weltanschaulichen Gruppen und – im Falle von *Quantified Self* – von einer neoliberalen Ideologie der Ökonomisierung aller Lebensbereiche geprägt ist. Mit Blick auf Unbestimmtheitsbereiche erscheint der Bereich möglicher Bildungsprozesse als stark eingeschränkt: „Bildung lebt vom Spiel mit den Unbestimmtheiten. Sie eröffnet einen Zugang zu Heterodoxien, Vieldeutigkeiten und Polymorphien. Wird Bildung einseitig als Positivierung von Bestimmtheit, also z.B. als Überbetonung des Faktenwissens angelegt, so werden die Zonen der Unbestimmtheit eliminiert – und damit wird Bildung ausgehöhlt und blockiert" (ebd., S. 21). An diesem Beispiel wird deutlich, dass die Struktur von *Quantified* Self dominant den Modus der *Bestimmtheit* als Form des Welt- und Selbstverhältnisses unterstützt und fördert – Unbestimmtheit wird geradezu als das zentrale Problem angesehen, das es zu lösen gilt.

Das Verhältnis von Bestimmtheit und Unbestimmtheit kann auch anhand von *Subsumption* und *Tentativität* als grundlegende Umgangsweise mit Orientierungskrisen und Fremdheit erläutert werden. So kann einer Orientierungskrise einerseits durch *Subsumption* als das Ein- und Unterordnen des Fremden in eigene Orientierungssysteme begegnet werden: Fremdes wird dabei auf Bekanntes und Vertrautes reduziert; ein Einzelfall wird einer bereits bekannten Regel untergeordnet und damit wird Unbestimmtheit in Bestimmtheit überführt. Andererseits können Orientierungskrisen zu Bildungsprozessen führen, in denen Unbekanntes gerade nicht an bekannte Strukturen angeglichen und überführt wird. Im Rahmen der Strukturalen Medienbildung wird dieser spezifischer Modus des Selbst- und Fremdverstehens, der sich auf die Erfahrung und den Umgang mit Kontingenz, Unbestimmtheit und Unbekanntem bezieht, als *Tentativität* bezeichnet.[10] Im Modus der Tentativität wird der Einzelfall zum Ausgangspunkt einer Suchbewegung nach passenden bzw. angemessenen Regeln und Kategorien. Angemessenheit, Passung und Vorläufigkeit sind dabei zentrale Eigenschaften eines tentativen Selbst- und Weltverhältnisses. Tentativität zielt also auf das Finden und Erfinden von Regeln und Kategorien, und auf einen sozialen, intersubjektiven Prozess der Anerkennung (bzw. Geltungsbewährung). Dieser Prozess ist grundlegend verbunden mit experimentellen, kreativen, spielerischen, innovativen und erprobenden Zügen (vgl. ebd., S. 21). An diesem Beispiel wird deutlich, dass die Struktur von *Quantified* Self dominant den Modus der Subsumption als Form des Welt- und Selbstverhältnisses unterstützt und fördert. Der Modus der Tentativität kann sich demgegenüber bes-

10 Mit dem Begriff der Tentativität bezieht sich der Ansatz der Strukturalen Medienbildung auf Rainer Kokemohr, der darunter die „Generierung eines (subjektiven) Wissens [versteht, T.D. / S.I.], dessen intersubjektive Anerkennung nicht von vornherein gegeben ist." (Marotzki 1990, S. 145)

tenfalls in der intersubjektiven Aushandlung von Regeln und Kategorien realisieren (z.B. der Diskussion von Grenzwerten einer Selbstvermessungs-Applikation). Damit verbunden ist jedoch die Einschränkung, dass in der Regel die (quantitative Größe der) Grenzwerte diskutiert werden und nicht die Kategorien der Werte an sich (Grenzwerte): Der Modifikation von Grenzwerten steht dabei die Modifikation der *Grenzen* gegenüber.

Wird *Quantified Self* als spezifische Antwort auf Orientierungskrisen der (Post) Moderne verstanden und damit als Indikator für spezifische Problemlagen und Bedürfnisse, dann wird deutlich, dass Bildungsprozesse ausgehend von einem tentativen Selbst- und Weltverhältnis lediglich eine spezifische Antwort neben weiteren darstellen – die empirisch gesehen nicht zu den dominanten Antworten gehören. Darüber hinaus wird deutlich, dass das Phänomen *Quantified Self* sich im Kontext weiterer Antwortmöglichkeiten der Bestimmtheit und Subsumption bewegt und Orientierungskrisen nicht per se und quasi automatisch zu Bildungsprozessen führen.

6 Diskussion und Ausblick

Zusammenfassend bleibet zunächst festzuhalten, dass es sich bei *Quantified Self* trotz aller historischen Bezüge um ein noch sehr junges Phänomen handelt, dessen Strukturen sich in einem Prozess der Transformation und Etablierung befinden. Parallel dazu verändert sich auch der gesellschaftlich, soziale und ökonomische Kontext. Grundlegend kann *Quantified Self* als ein spezifischer Ansatz zur Verbesserung des Menschen verstanden werden, die sich sowohl in quantitativer als auch in qualitativer Hinsicht von historisch vorangehenden Ansätzen unterscheidet (vgl. Wiesing 2006, S. 324). Darüber hinaus wird auch deutlich, dass *Quantified Self* als Technologie nicht auf die Gestaltung der äußeren Natur gerichtet ist, sondern auf die Gestaltung des Menschen bzw. des menschlichen Handelns. Aus bildungstheoretischer Perspektive stellt sich die Frage, wie sich das Verhältnis des Einzelnen zu den Dingen in der Welt, zu Anderen in der Gemeinschaft und zu sich selbst im Verlauf des Lebens verändert, wenn diese Verhältnisse dominant durch *Quantified Self* vermittelt werden. Aus empirischer Perspektive sind dabei insbesondere die mit *Quantified Self* einhergehenden „subtile[n] Bruchlinien der Selbsterfahrung" (Müller 2010, 9; vgl. auch Selke 2014) zu rekonstruieren und zu analysieren.

Zu Fragen ist darüber hinaus nach empirischen Nutzungsweisen, die sowohl von der Struktur des *Quantified Self* als auch von einem weiteren Kontext abhängen: So macht es einen zentralen Unterschied, ob Selbstvermessung zu einer gesellschaftlich akzeptierten Forderung wird (z.B. im Kontext von Versicherungen) oder ob der rechtliche Rahmen dies nicht zulässt; ob *Quantified Self* auf einen persönlichen bzw. privaten Gebrauch bzw. Austausch bezogen ist oder auf die Nutzung in einer Community; ob Grenzwerte als default-Einstellungen vorgegeben werden oder zum Gegenstand von Aushandlungsprozessen in deliberativen Öffentlichkeiten werden; ob vorab implementierte Kategorien zum Gegenstand von Aushandlungsprozessen werden. Zu Fragen ist z.B. auch nach empirischen (kontroversen und subversiven) Nutzungsweisen, die gerade nicht mit dem Selbstverständnis und dem Selbstanspruch von *Quantified Self* korrespondieren.[11]

Wir erleben heute eine Zuspitzung dessen, was mit der Aufklärung seinen Anfang nahm: die Entwertung des Menschen und die damit einhergehende Notwendigkeit, den eigenen Wert durch Bildung selbst zu bestimmen. Selbstbestimmung geschieht – zumindest auch – auf Basis einer vorherigen Selbsterkenntnis. Während allerdings sowohl in der griechischen Antike als auch im Rahmen eines idealistischen Bildungsverständnisses das Selbst als unbegreifbar, wohl aber in der offenen Begegnung mit Welt und besser noch mit einem anderen Menschen als einsehbar galt, entwickelte sich im Anschluss an die Aufklärung zunehmend die Vorstellung von der mit technischen Hilfsmitteln eingeleiteten zahlenmäßigen Erfassbarkeit des Selbst. Die Zahl galt als weitestgehend frei von Narration und damit auch frei von Verklärung. Die Selbstquantifizierung kann in dieser Perspektive nicht nur als vermeintlich sichere Selbsterkenntnis, sondern zugleich als eine Aufklärung höherer Ordnung verstanden werden. Mit Blick auf Fragen der Erziehung und Bildung ist jedoch das Berücksichtigen des gesellschaftlich-ökonomischen Rahmens zentral, innerhalb dessen die Quantifizierung des Selbst stattfindet. Dieser Rahmen ist geprägt von einer Steigerungs- und Beschleunigungslogik, die vom Einzelnen eine Selbstoptimierung verlangt, sofern er dauerhaft seinen ökonomischen Wert erhalten will. Werterhaltung setzt also eine permanente Verbesserung voraus, die Verbesserung verlangt ein Wissen darüber, was es zu verbessern gilt, und Self-Tracking gilt als Möglichkeit, dieses Wissen in Erfahrung zu bringen.

Quantified Self kann überdies in der Dialektik von Selbst- und Fremdbestimmung verortet werden, die ebenfalls seit der Aufklärung ein klassisches bildungstheoretisches Motiv darstellt. Dabei handelt es sich nicht um eine dichotome Unterscheidung, sondern vielmehr um einen kontinuierlichen, bipolaren Raum, der graduell ausgeprägt ist z.B. als Selbstbestimmung im Modus von Fremdbestimmung oder als Fremdbestimmung im Moduls von Selbstbestimmung. Als Beispiel für Selbstbestimmung im Modus von Fremdbestimmung kann auf die –

11 Beispielhaft kann hier auf die Praxis verwiesen, das eigene Smartphone mit Fitness-App und Schrittzählung der Freundin/dem Freund zum Einkaufen mitzugegeben.

selbstbestimmte – Entscheidung verwiesen werden, eine spezifische Anwendung des *Quantified Self* zu nutzen. Die Nutzung selbst findet dann in einem fremdbestimmten Rahmen und unter fremdbestimmten Prämissen statt. Beispielhaft für eine Fremdbestimmung im Modus von Selbstbestimmung steht der Umstand, dass auch die Entscheidung zur Nutzung von *Quantified Self* nicht als vollständig selbstbestimmt verstanden werden kann. Sie ist oftmals im Kontext vielfältiger sozialer, gesellschaftlicher, ökonomischer und anderer Zusammenhänge und Zwänge verortet, der als fremdbestimmter Anteil einer solchen Entscheidung gefasst werden kann.

Bildungsbezogen ist *Quantified Self* als Reflexionsgegenstand denkbar. Im Sinne einer Differenzerfahrung kann die (alltägliche) Auseinandersetzung mit *Quantified Self* gerade auch die Reflexion auf das nicht Quantifizierbare des Selbst fördern und unterstützen (aus der Perspektive des *Quantified Self* hier allerdings im Sinne nicht-intendierter Nebenfolgen). Es rückt also – wieder einmal – die Frage nach dem Menschsein in den Mittelpunkt, eine Frage, zu deren Beantwortung die andere Seite der Bildung, die eine nicht ökonomisch-verkürzte ist, beitragen kann. Handeln wir, wenn wir uns selbst quantifizieren und optimieren, tatsächlich so, dass wir die Menschheit in unserer Person als Zweck an sich verstehen? Bildung, befreit von ihrer ökonomisierten Einengung, könnte und sollte dabei helfen, eine Antwort auf diese Frage zu finden. Die Quantifizierung des Selbst – unbedacht hingenommen – stellt, um auf Hölderlin ([1808] 1951, S. 173) zu rekurrieren, sowohl eine Gefahr als auch das Rettende dar. Sie kann Mittel zum Zweck sein, den eigenen Marktwert effizienter und wohl auch effektiver zu gestalten, was als solches nicht weiter problematisch ist. Zum Problem wird die Selbstgestaltung mithilfe von Selbstquantifizierung aus pädagogischer Perspektive dann, wenn der Mensch verkennt, dass er auf diese Weise gleichsam selbst zum bloßen Mittel zu werden droht – und dies für Zwecke, die womöglich nicht seine eigenen sind. Und genau an diesem Punkt *kann* das Rettende aufscheinen: Wird nämlich *Quantified Self* zum Gegenstand der Reflexion und deutet der Reflexionsgegenstand auf Strukturen hin, innerhalb derer die Selbsterkenntnis durch Zahlen überhaupt erst bedeutsam werden konnte, dann steht *Quantified Self* im Kontext der grundsätzlichen Frage, um was es im Leben des Menschen wesentlich gehen sollte. Unser Plädoyer besteht folglich darin, sich dem Phänomen *Quantified Self* verstärkt bildungstheoretisch zuzuwenden.

Literatur

Bell, G. & Gemmell, J. (2010). *Your Life, Uploaded: The Digital Way to Better Memory, Health, and Productivity. New York*: Plume.

Damberger, T. (2012). *Menschen verbessern! Zur Symptomatik einer Pädagogik der ontologischen Heimatlosigkeit.* Darmstadt https://damberger.files.wordpress.com/2014/07/damberger_menschen_verbessern.pdf, zugegriffen: 31. August 2016.

Damberger, T. (2016). Zur Information: Der blinde Fleck im Transhumanismus. *FIfF-Kommunikation. Zeitschrift für Informatik und Gesellschaft,* 2/2016, 32–36. http://www.fiff.de/publikationen/fiff-kommunikation/fk-2016/fk-2016-2/fk-2016-2-content/fk-2-16-p32.pdf/at_download/file, zugegriffen: 31. August 2016.

Euler, P. (2003). Bildung als ‚kritische' Kategorie. *Zeitschrift für Pädagogik* (49), 413–421.

Ehrenspeck, Y. (2006). Bildung. In: H. Krüger & C. Grunert (Hg.), Wörterbuch Erziehungswissenschaft. Opladen: Budrich. S. 64–71.

Fromme, J. & Jörissen, B. (2010). Medienbildung und Medienkompetenz. Berührungspunkte und Differenzen nicht ineinander überführbarer Konzepte. *merz. medien+erziehung* (5), 46–54.

Gemmell, J., Bell, G. & Lueder, R. (2006.). MyLifeBits: A Personal Database for Everything. *Communications of the ACM, 49* (1).

Hersch, J. (1990). *Karl Jaspers. Eine Einführung in sein Werk.* München: Piper und Co.

Hölderlin, F. (1951). Patmos. In: ders., *Sämtliche Werke. 2. Band* (S. 173). Stuttgart: W. Kohlhammer.

Humboldt, W. (1967). *Ideen zu einem Versuch, die Grenzen der Wirksamkeit des Staats zu bestimmen.* Stuttgart: Reclam.

Jaspers, K. (1956). *Philosophie. Band II: Existenzerhellung.* Berlin, Heidelberg: Springer.

Jörissen, B. & Marotzki, W. (2009). *Medienbildung – Eine Einführung.* Bad Heilbrunn: Julius Klinkhardt.

Jörissen, B. (2011). ‚Medienbildung' – ein Konzept in heterogenen institutionellen Verwendungskontexten. In: T. Meyer, W. Tan, C. Schwalbe & R. Appelt (Hg.), Medien & Bildung – institutionelle Kontexte und kultureller Wandel. Wiesbaden: : Verlag für Sozialwissenschaften. S. 83–91.

Kant, I. (1984). *Über Pädagogik.* Bochum: Ferdinand Kamp.

Kant, I. (1974). *Kritik der reinen Vernunft.* Frankfurt am Main: Suhrkamp.

Kehlmann, D. (2009). *Die Vermessung der Welt.* Reinbek bei Hamburg: Rowohlt.

Marotzki, W. (1990). *Entwurf einer strukturalen Bildungstheorie: Biographietheoretische Auslegung von Bildungsprozessen in hochkomplexen Gesellschaften.* Weinheim: Deutscher Studienverlag.

Marotzki, W. & Meder, N. (2014). *Perspektiven der Medienbildung.* Wiesbaden: Springer Fachmedien.

Meder, N. (2014). Das Bildungskonzept als politischer Kampfbegriff. In: H. Bierbaum, C. Bünger, Y. Kehren & U. Klingovsky (Hg.), Kritik, Bildung, Forschung: pädagogische Orientierungen in widersprüchlichen Verhältnissen. Opladen: Budrich. S. 217–236.

Mollenhauer, K. (2003). *Vergessene Zusammenhänge. Über Kultur und Erziehung.* Weinheim/München: Juventa.

Müller, O. (2010). *Zwischen Mensch und Maschine. Vom Glück und Unglück des Homo faber.* Berlin: Suhrkamp.

Platon (2015). Alkibiades I. In: ders., *Sämtliche Werke. Band 1* (S. 123–180). Reinbek bei Hamburg: Rowohlt.

Rosa, H. (2009). Social Acceleration: Ethical and Political Consequences of a Desynchronized High-Speed Society. In H. Rosa & Wiliam E. Scheuerman (Hg.), *High-Speed Society. Social Acceleration, Power and Modernity* (S. 77–112). Pennsylvania: University Press.

Sartre, J.-P. (2007). *Das Sein und das Nichts. Versuch einer phänomenologischen Ontologie.* Reinbek bei Hamburg: Rowohlt.

Selke, S. (2014). *Lifelogging. Wie die digitale Selbstvermessung unsere Gesellschaft verändert.* Berlin: Econ 2014.

Sesink, W. (2001). *Einführung in die Pädagogik.* Münster, Hamburg, Berlin: LIT.

Verständig, D., Holze, J. & Biermann, R. (2015). *Von der Bildung zur Medienbildung.* Wiesbaden: Springer Fachmedien Wiesbaden.

Wiesing U. (2006): Zur Geschichte der Verbesserung des Menschen. Von der restitutio ad integrum zur transformatio ad optimum? Zeitschrift für medizinische Ethik (52), S. 323 – 338.

Wolf, G. (2008): The Data-Driven Life. The New York Times Magazine URL: http://www.nytimes.com/2010/05/02/magazine/02self-measurement-t.html, zugegriffen: 31. August 2016.

Code, Software und Subjekt

Zur Relevanz der Critical Software Studies für ein nicht-reduktionistisches Verständnis „digitaler Bildung"

Benjamin Jörissen und Dan Verständig

1 Einleitung

„Digitale Bildung" entwickelt sich in den letzten Jahren zum bildungspolitischen Megathema. „Digitalisierung" wird dabei oft weniger als ereignishafter, tiefgreifender historischer Prozess verstanden denn als technisch-informationaler (und politischer-administrativer) Gestaltungsauftrag, der möglichst breit und effizient in entsprechenden Verfügungswissen und entsprechende Praxiskompetenzen umzu setzen sei (vgl. KMK 2016). Solche (im politischen Jargon vielleicht unvermeidbaren) instrumentalistischen Perspektiven suggerieren eine Form von Machbarkeit, die im Hinblick auf die erheblichen Umbrüche auf ökonomischer, infrastruktureller, kultureller, sozialer und individueller Ebene fatal, zumal als pädagogischer Umsetzungsauftrag problematisch wäre.

Algorithmen, Protokolle, Datenstrukturen und Datenbestände greifen mehr und mehr in gesellschaftliche, individuelle und kulturelle Prozesse ein; sie schreiben sich in Architekturen, Infrastrukturen und Materialitäten des alltäglichen Lebens ein, stellen Kontexte für Kommunikation, Artikulation, Kreativität, Vernetzung bereits her und nehmen somit einerseits einen integralen Bestandteil bei der Frage nach der Herstellung von Orientierungsrahmen ein; andererseits verändern Sie die Koordinaten im Hinblick auf Fragen der Selbstbestimmung und Subjektivation.

Die hieraus erwachsenden Problemlagen werden recht schnell deutlich, wenn man auf das Verhältnis von Mensch, Sozialität und Technologie fokussiert. Nicht etwa, weil die durch eine Interaktion gemachten Erfahrungen von den Fähigkeiten der User abhängen, sondern vielmehr dadurch, dass der technologische Rahmen entweder bestimmte Formen der Interaktion unterstützt oder diese gerade nicht ermöglicht. Damit entwickelt die Ebene der Software, die nur indirekt anhand ihrer performativen Effekte erfahrbar wird, eine besondere Wirkmacht, die von den implizit bleibenden unterliegenden Regeln der Programmierung abhängig sind.

Die damit angesprochene Ebene bezieht sich auf das Design von Software in einem umfassenden, und bildungstheoretisch relevanten Sinn (vgl. Jörissen 2015). Design hat sich nicht zufällig, von der Erziehungswissenschaft eher unbemerkt, in den letzten Jahren als diskursive Schlüsselkategorie nicht nur ästhetischer, sondern insbesondere wissens- und machttheoretischer Diskurse formiert (Mareis et al. 2013; Tungstall 2013; Moebius und Prinz 2012; Mareis 2011). Dieser Diskurs ist zum einen durch seine erziehungs- und subjekttheoretischen Bezüge allgemeinpädagogisch relevant, zum anderen aber durch seinen direkten Zusammenhang mit dem Design von Code, Software und digitalen Architekturen unmittelbar für den Medienbildungsdiskurs von einiger Bedeutung. Aus dieser Perspektive resultiert, wie wir nachfolgend aufzeigen wollen, die Forderung nach einer systematischen Auseinandersetzung mit Code- und Softwarestrukturen im Kontext digitaler Bildung und Kultur. Es geht darum, den Blick unter die digitale Motorhaube zu wagen, um nicht nur Fragen der Produktivität und Gestaltbarkeit zu beantworten, sondern diese vor allem auch hinsichtlich sozialer Praktiken zu beurteilen. Doch wie lässt sich Code innerhalb dieser komplexen medialen Zusammenhänge denken; welche Implikationen ergeben sich hieraus für eine diesen Dynamiken angemessene Vorstellung von Bildung?

Der Beitrag geht diesen Fragen nach und diskutiert die Bedeutung von Code-, Software- und Netzwerkarchitekturen in Bezug auf Subjektivation und Bildung im Horizont digitaler Medialität. Dies erfolgt in drei Schritten. Zunächst möchten wir grundlegend auf das Verhältnis von Code, Software und Subjekt eingehen. Dazu verweisen wir zunächst auf die ausgeprägte Tradition numeralisierten Denkens und die damit verknüpften Konsequenzen für rechenbasierte Systeme sowie auf die impliziten Mechanismen sozialer Aushandlung in Abhängigkeit zu digitalen Architekturen. Dabei werden subjekttheoretische Bezüge relevant, die wir entlang ausgewählter Beispiele diskutieren. Vor diesem Hintergrund kann die Frage nach den Kontroll- und Herrschaftsstrukturen aufgegriffen und in Bezug auf die Genese von Code und Software unter Berücksichtigung der Critical Code Studies verhandelt werden.

2 Code, Gesetz und Subjekt

Fragt man nach Code und Software[1] im Verhältnis zum Subjekt so werden die unterschiedlichen Bedeutungsebenen recht schnell sichtbar. Eine relativ häufig rezipierte und umfassend ausgearbeitete Perspektive, ist die von Lawrence Lessig (1999, 2000, 2010). In seinem vor mehr als 16 Jahren veröffentlichten Band „Code and Other Laws of Cyberspace" entwirft er, ausgehend von einer rechtswissenschaftlichen Betrachtung und unter Bezug auf Reidenberg (1996), die These, dass der Code eine tiefgreifende Wirkmacht auf moderne Gesellschaften hat, indem er bestimmte Optionen vorsieht und andere Möglichkeiten dafür ausschließt. Auf diese Weise bestimmt Code Wahrnehmungsweisen, bzw. – wie man aktualisierend ergänzen kann – stellt Code selbst eine genuine Wahrnehmungsweise dar (Parisi 2013), die paradigmatisch auf andere Wahrnehmungsweisen wirkt. Im Sinne dieses Paradigmatischen verwendet Lessig die Gesetzesmetapher:

> „The code regulates. It implements values, or not. It enables freedoms, or disables them. It protects privacy, or promotes monitoring. People choose how the code does these things. People write the code. Thus the choice is not whether people will decide how cyberspace regulates. People—coders—will. The only choice is whether we collectively will have a role in their choice—and thus in determining how these values regulate—or whether collectively we will allow the coders to select our values for us." (Lessig 2000)[2]

1 Wir verstehen, kurz gefasst, unter "Code" den z.B. in Form von Programmiersprachen vorliegenden symbolischen Ausdruck, während "Software" die kompilierte, an Hardware angepasste und immer in nur in Hardwarestrukturen verortete, performative Informationsstruktur darstellt. Im letztgenannten Sinn von "Software" hebt Lawrence Lessig hervor, dass immer Soft- *und* Hardware in den Blick genommen werden müssen. Es geht also nicht nur um die Ebene der Repräsentation und somit einzelner Anwendungen, sondern vielmehr auch um die zu Grunde liegende technologische Infrastruktur des Netzes (vgl. hierzu Lessig 1999, S.6). Indem Software immer von der Hardware abhängt, kann eine solche Trennung von Soft- und Hardware in dieser Perspektive ohnehin nur auf analytischer Ebene stattfinden, da Software immer Software-in-Hardware ist.

2 In Anlehnung an Chun (2011) muss man an dieser Stelle vorwegnehmend den terminologischen Einwand erheben, dass das Gesetz als Text – im Sinne juristischer Gesetze, nicht Naturgesetze – immer auslegungsbedürftig ist, hingegen der "paradigmatische" Charakter von Software, den Lessig eigentlich referenziert, eher dem "logos" im Sinne der platonisch-ideenhaften "Vorschrift" entspricht als dem grundsätzlich deliberativ geöffneten menschlichen Gesetz. Wir gehen weiter unten auf diese Differenzierungsnotwendigkeit ein.

Somit ergeben sich aus dem Prozess der Soft- und Hardwaregestaltung neue machttheoretische Relationen, denn denjenigen, die den Code schreiben und gestalten, kommt somit nicht nur eine handwerklich-ingenieurmäßige Verantwortung zu, wie sie bei der Auslieferung eines finalen Produkts im Vordergrund steht, sondern vor allem auch eine kritisch-ethische Verantwortlichkeit, was die Gestaltung und Architektur soft- und hardwarebasierter Systeme angeht, auf die wir uns in alltäglichen Abläufen verlassen, im Hinblick also auf implizite hegemoniale Effekte:

> „As the world is now, code writers are increasingly lawmakers. They determine what the defaults of the Internet will be; whether privacy will be protected; the degree to which anonymity will be allowed; the extent to which access will be guaranteed." (Lessig 2006, S. 79)

Indem sich eine Komplexitätssteigerung in diesen Abläufen abzeichnen lässt, verschieben sich auch die Machtverhältnisse hinsichtlich der digitalen Sphäre. Ubiquitär vernetzte rechenbasierte Systeme nehmen nicht nur die Rolle von Entscheidungsträgern ein, sie werden im Sinne der Komplexitätsreduktion und verstärkten Einbettung von automatisierten Lösungen zugleich zu epistemischen Akteuren, die als lernende Netzwerke, ähnlich neurobiologischen Lernprozessen, hyperkomplexe Informationsverarbeitung[3] betreiben und somit zum Akteur im gesellschaftlichen Wandel werden. David Golumbia folgend wird mit dem Computer ein Akteur ins Spiel gebracht, der das Hobbes'sche Verhältnis von Souverän und Machtaneignung bestärkt:

> „The computer encourages a Hobbesian conception of this political relation: one is either the person who makes and gives orders (the sovereign), or one follows orders. There is no room in this picture for exactly the kind of distributed sovereignty on which democracy itself would seem to be predicated" (Golumbia 2009, S. 224).

Dies impliziert, dass eben jene Unberechenbarkeit sozialer Aushandlungen auch ein System unterlaufen und somit Teilsysteme – mit möglicherweise ganz anderen sozialen Praktiken – entwerfen kann. Gleichwohl sind die digitalen Technologien immer auch ein Produkt der sozialen Interaktion, erst eingebettet in sozio-kulturelle Praktiken entfalten sie ihre tatsächliche Wirkmacht. Nicht zuletzt aus diesem

3 Wir spielen damit nicht nur auf KI und ihre Leistungen auf dem Gebiet komplexer Mustererkennung an, sondern auch auf einfachere Software, die mithilfe massiver Datenbestände komplexe quasi-hermeutische Prozesse simuliert, wie es etwa bei gängigen Online-Übersetzungsangeboten der Fall ist.

Grund werden bei Facebook auch Menschen eingesetzt, um die algorithmischen Abläufe zu prüfen und den, durch die Nutzenden, geteilten Inhalt hinsichtlich der sozialen Angemessenheit zu beurteilen (vgl. Pasquale 2015, S. 191). In Anlehnung an Hobbes muss nun gefragt werden, wer die Adressaten der Befehle des Souveräns sind und wie sich diese Strukturen reproduzieren. Wenn der Rechner Befehle ausführt, die im Code festgeschrieben sind und diese dann wiederum durch menschliche Akteure beobachtet werden, verändert sich das Gefüge der Funktionszuweisungen und Ausführung von Prozessen insofern, als dass emergente Effekte innerhalb der Nutzung entstehen, die nicht festgeschrieben sind. Diese Emergenz, die man entlang der sozialen Medien besonders deutlich sehen kann (Münker 2009), gilt aber auch für die zugrunde liegenden Technologie-Schichten[4].

Doch Code strukturiert längst nicht nur die digitalen Räume, sondern entfaltet seine konstitutive Kraft ebenso – und das in historischer Perspektive wesentlich ausgeprägter – auch im materiellen Raum. Der Check-In Bereich eines Flughafens beispielsweise würde ohne Software und Code nicht funktionieren, da hier sehr dezidiert auf Rechensysteme zurückgegriffen wird, die eine Ordnung herstellen und somit erst den Raum definieren. Rob Kitchin und Martin Dodge (2011) bezeichnen diese Synergie als „code/space" und zeigen entlang unterschiedlicher Studien a) wie tiefgreifend Code und Software unsere Lebensbereiche durchdringen und b) wie sich dies auf die Gestaltung von Räumen in einer wechselseitigen auf gesellschaftliche Prozesse und die Gestaltung der Umwelt auswirkt. Derlei – von Rechnern geprägte – Räume sind so entworfen, dass sie so gesehen erst dann „funktionieren", wenn die Software beziehungsweise der zu Grunde liegende Code reibungslos integriert wird. Code und Software sind längst schon in vielen Lebensbereichen auch „ohne Strom und Akku" appräsent. Es reicht aus dieser Perspektive nicht aus, Digitalität anhand ihrer gegenständlichen Sichtbarkeiten (pädagogisch oder bildungstheoretisch) zu betrachten, vielmehr muss die Frage der Infrastrukturen und der Vernetzung technologischer, sozialer und materieller Akteure systematisch in den Blick genommen werden.

Damit wurden also bereits einige Facetten angesprochen, die auf die tiefe Durchdringung von Code und Algorithmen in modernen Gesellschaften verweisen. Im Anschluss hieran wenden wir uns der Frage zu, wie sich der Codebegriff hinsichtlich subjekttheoretischer Bezüge und sodann im Kontext bildungstheoretischer Fragestellungen einordnen lässt.

4 Hier in Anlehnung an das OSI-Referenzmodell gedacht.

3 Critical Code Studies als Zugang für subjekttheoretische Betrachtungsweisen von Code

Während der Codebegriff bei Lessig sehr breit angelegt ist und somit zwar Spielraum für die Abstraktion der Codestrukturen entlang gesellschaftlicher Prozesse bietet, haben sich mit den Software Studies (Manovich 2001; Fuller 2008; Reichert und Richterich 2015), insbesondere im Rahmen der Critical Code Studies weitere Positionen entwickelt (vgl. Mackenzie 2003; Chun 2011; Manovich 2013). Indem über Software und Code gesprochen wird, ergeben sich weitere Implikationen für eine Abgrenzung hinsichtlich der Gestaltung und Ausführung beziehungsweise Ausführbarkeit von Code. Es erscheint zunächst naheliegend, dass Code auch Software ist, jedoch muss mit Blick auf die Repräsentation von Code dahingehend unterschieden werden, dass der Code im Sinne von Quellcode, bzw. Sourcecode gerade nicht dem kompilierten Programm oder der Software gleichzusetzen ist. Die Bedeutung von Code ist von einer paradoxalen Struktur geprägt, indem Quellcode erst dann zur eigentlichen Quelle der Anwendung wird, wenn er durch den Prozess der Kompilation aufgelöst wird. „Source code becomes a source only through its destruction, through its simultaneous nonpresence and presence" (Chun 2011, S.25).

Aus dieser Perspektive scheint es unumgänglich, Code und Software in einer differenzierten Weise zu betrachten: schließlich entfaltet Code – als *logos* – seine Wirkmacht erst im Zusammenspiel von symbolischer und performativer Ebene, von Text und Aktion. Programmierer sind, metaphorisch gesprochen, Regisseure, die Aspekte von Welt im Medium des Codes inszenieren und als Software zur Aufführung bringen.[5]

Hieraus entwickelt sich eine doppelte Differenz des performativen Verhältnisses von Code und Subjekt, denn einerseits wird Code erst ausgeführt (exekutiert), wenn er zur Anwendung gebracht wird und somit eine andere Repräsentationsform annimmt. Andererseits wird Code innerhalb dieses Übersetzungsprozesses durch die Regeln der Maschinensprache zwar aufgelöst, jedoch ebenso auch erst verwirklicht. In diesem Zusammenhang und in der Differenz zum Codebegriff bei Lessig bemerkt Chun schließlich:

5 Wir behaupten nicht, dass Programmierer immer *gute* Regisseure sind, verweisen jedoch mit dieser Metapher auf eine auch kulturelle, ästhetische und ethische Verantwortlichkeit in diesen Inszenierungsprozessen, die nicht unbedingt zum Professionsverständnis von Programmierern gehört, aber gehören sollte. Diese reflexive Bewusstsein zeigt sich beispielsweise stark in Bereichen wie etwa der Independent-Spieleprogrammierung.

> „What is surprising is the fact that software is code; that code is – has been made to be – executable, and this executability makes code not law, but rather every lawyer's dream of what law should be: automatically enabling and disabling certain actions, functioning at the level of everyday practice." (ebd., S. 27)

Indem ein Quellcode für die Ausführung auf verschiedenartiger Hardware kompiliert also in die jeweilige *Maschinensprache* übersetzt wird, lässt sich Software zwangsläufig nicht nur auf Code reduzieren, da im Rahmen der Interaktion über das Interface kontingente Ereignisse eintreten können und folglich neue Komplexitäten im Zusammenspiel von Software und Subjekt entstehen, die zugleich in kulturelle Praktiken eingebettet sind.

Code ist insofern zu verstehen als Ressource, die in der Ausführung negiert wird, aber zugleich und gerade deswegen stets appräsent ist – so wie auf Text immer wieder zurückgegriffen werden kann. Chun verwendet den Begriff „re-source" in einer doppelten Bedeutung und fokussiert neben der ungreifbaren Struktur des Codes vor allem das komplexe Zusammenspiel von Maschine und menschlichen Kooperationsweisen (ebd., S. 25). Wenn hier nun von einer Wirkmacht die Rede ist, dann nicht willkürlich, denn Quellcode als Ressource verstanden, heißt demnach die Bereitstellung von Software und Benutzeroberflächen, vor allem heißt es aber auch, dass eine Einbettung in kulturelle Praktiken zumindest insofern mitgedacht werden sollte, als dass Code als Gegenstand helfen kann, technologische Abläufe und automatisierte Ausführungen im Zusammenhang mit menschlicher Interaktion in ihren unterschiedlichen Logiken zu verstehen (vgl. Eke et al. 2014).

Anhand der Open Source-Bewegung lässt sich eindrücklich aufzeigen, wie das komplexe Verhältnis von Code, Software und die damit verbundenen Ideologien und kulturellen Implikationen zu fassen sind. Insbesondere durch die Open Source-Bewegung wird Code – der grundsätzlich aufgrund seiner symbolischen Verfasstheit sichtbar ist, praktisch jedoch in aller Regel den Anwendern entzogen, und in der "Nutzung" von Software lediglich appräsent ist – zugänglich und damit de facto sichtbar. Dabei geht es weniger um die Fragen, was Offenheit im Kontext von Open Source tatsächlich heißt, als um die Frage, wie sich Prozesse der Wissensarbeit generell verändern (Galloway 2011, S. 383). Während Software demnach auch als Akteur ökonomischer Machtverhältnisse gesehen werden kann, wird die freie Offenlegung von Quellcode nicht nur als Gegenzug kommerzieller Interessen im prozesslogischen Sinne verstanden, vielmehr wird der Quellcode nun in eine diskursive Interaktionsstruktur eingebettet und mit Galloway (2012) gesprochen somit selbst zu einem „Interface":

> „The open source culture of new media really means one thing today: it means open interfaces. It means the freedom to connect to technical images. Even source code is a kind of interface—an interface into a lower-level set of libraries and operation codes." (ebd., S. 9)

Indem Unternehmen, Dienste und Schnittstellen (Application Programming Interfaces – APIs) bereitstellen, werden Teile des Codes freigesetzt und somit einem potenziell unabgeschlossenen Nutzerkreis zur Verfügung gestellt. Eine solche Öffnung des Codes oder zumindest von Teilen des Codes – und dies ist ein bildungstheoretisch ausgesprochen relevanter Aspekt – führt zu neuen Praktiken im Umgang mit den Daten, Schnittstellen und Code, zugleich lassen sich hieraus auch neue Kommunikations- und Produktionsprozesse, die sich losgelöst von etablierten Marktlogiken begreifen lassen, wie Christoph Koenig (2013) beschreibt.

Dass Code durch kulturelle Praktiken des Austauschs und der Kollaboration sichtbar wird, stellt mithin *einen* wichtigen Aspekt im Hinblick auf Bildung im Horizont digitaler bzw. postdigitaler Kultur dar. Dies ist jedoch, wie vor dem Hintergrund unserer Ausführungen deutlich wird, keineswegs eine vollständige oder gar ausreichende Perspektive. Denn *erstens* ermöglicht die Fähigkeit, Quellcode verstehend zu lesen, Abläufe theoretisch einzuschätzen – sie ermöglicht es jedoch nicht, die komplexen Abläufe der praktischen Umsetzung hinsichtlich Planung, Ausführbarkeit und tatsächlichem Softwareprodukt in ihren kulturellen, sozialen, organisationalen und ökonomischen Aspekten zu überblicken. *Zweitens* ist mit der Einsicht in die Logiken der Code-Erstellung in keiner Weise eine Einsicht in die performativen Aspekte und subjektivierenden Effekte von Software gegeben. Es ist also etwa ohne weiteres denkbar, dass „digital gebildeten" junge Programmiererenden eine Programmiersprache beherrschen, zugleich jedoch a) weder die sozialen und ökonomischen Aspekte ihres Handelns noch b) die impliziten ethischen und machtbezogenen Effekte der selbst programmierten Software zu beurteilen wissen. Damit sind zugleich Möglichkeitsräume angesprochen, die sich im Schnittfeld von Unterwerfung und Subjektivierung verorten lassen.

Inwiefern sich der Diskurs um Free- und Open Source Software auch auf der Subjektebene auswirkt, lässt sich anhand der Beispiele beschreiben, die Gabriella Coleman (2009) in ihrer Arbeit „Code is Speech" anführt. Coleman beschreibt Prozesse, in denen sich Programmierer und Entwickler mehr und mehr in den politischen Protest einbringen, der sich gegen das dominierende Regime über geistigen

Eigentum und Urheberrecht[6] richtet und Code sehr eng mit der eigenen Stimme und einer politischen Haltung verflechtet, um ihre Ideale zu artikulieren:

> „Developers construct new legal meanings by challenging the idea of software as property and by crafting new free speech theories to defend the idea of software as speech" (ebd., S. 421).

Code ist hierbei nicht einfach auf die Sprache zu reduzieren, denn in Anlehnung an Foucault (1981) lassen sich Diskurse eben nicht bloß als das Sprechen über Dinge charakterisieren, sondern eher als Praktiken, die systematisch die Gegenstände hervorbringen, von denen sie sprechen (vgl. ebd. S. 74; vgl. Wulf et al. 2001). In dieser doppelten Differenz ist auch die subjektivierende Kraft von Code eingeschrieben, denn die Haltung, die hinter den Praktiken steht und so eng mit diesen verknüpft ist, kann exemplarisch für die Manifestation von Bildungspotenzialen gewendet werden. Zugleich lassen sich hieran auch neue Formen der Öffentlichkeit ablesen, die im Prozess der diskursiven Auseinandersetzung entstehen, wie man beispielsweise an Formen des Protests durch DDoS[7]-Attacken festmachen kann. Es sind eben jene (sub-)kulturellen und politischen Ausprägungen, die Verschmelzung miteinander eine Emergenz digitaler Öffentlichkeit mit sich bringen und so die Strukturen nutzen, um den Diskursraum zu prägen beziehungsweise die Rahmenbedingungen zu destabilisieren und so zur Disposition zu stellen.

> „Thus publicness is constituted not simply by speaking, writing, arguing and protesting but also through modification of the domain or platform through which these practices are enacted, making both technology and the law unstable." (Cox 2012, S. 93)

Indem Code und Software hier eingesetzt werden, um Ordnungssysteme zu destabilisieren, lässt sich eine Kontinuität in der Dynamik von Machtverhältnissen

6 Wie schon bei Lessig spielt hier die Frage nach Copyright und dem Umgang mit Code als Ressource im produktiv-ökonomischen aber auch im ideellen/nicht-materiellen Sinne eine entscheidende Rolle. Indem sich dieses Spannungsfeld weiterzieht, liegt die Schlussfolgerung nah, dass im Code immer auch eine politische Bedeutung eingeschrieben ist. Code ist daher nicht im Einzelfall politisch relevant, sondern aufgrund seiner amorphen Struktur und den unterschiedlichen Produktionskontexten immer ein Medium politischer Ausdrucksfähigkeit.

7 DDoS steht für Distributed Denial of Service und beschreibt die Praktik, ein System durch mehrfache und verteilte Aufrufe zum antworten zu zwingen, bis die Kapazitäten des Adressaten soweit erschöpft sind, dass das Zielsystem offline geht.

vorfinden, indem hier offenbar analog zu den netzwerkartigen Strukturen eine Machtverschiebung von zentralen (politischen) Institutionen hin zu dezentralen und unterschiedlich ausgeprägten Orten der „Vermachtung" stattfindet. Galloway und Thacker (2007) sprechen in diesem Zusammenhang von Vermachtungsstrukturen, die sich weg von den Institutionen, hin zu dezentralen Netzwerken bewegen[8] und vor dem Hintergrund von Software womöglich neuen Subjekt-Objekt Relationen hervorrufen.

> „Difficult, even frustrating, questions appear at this point. If no single human entity controls the network in any total way, then can we assume that a network is not controlled by humans in any total way? If humans are only a part of a network, then how can we assume that the ultimate aim of the network is a set of human – centered goals?" (ebd., S. 154)

Im Anschluss an Foucault (1977) ist „Macht" nie als nur einseitiges Phänomen zu verstehen, welches sich etwa lediglich auf der Seite „des Mächtigen" verorten ließe, sondern vielmehr immer auf verschiedenen Punkten des Netzwerks verteilt zu denken ist – entsprechend ist sie, bzw. sind ihre Effekte nicht zentral kontrollierbar. Weil zudem Praktiken nicht per einmaliger Einsetzung Subjekte hervorbringen, sondern in langen Prozessen steter Wiederholung wirken, können die Effekte solcher auf Wiederholung angewiesener – und daher gewissen Variationen ausgesetzten – Machtpraktiken die Macht selbst unterwandern (Butler 2001). Dies geschieht beispielsweise dann, wenn Quellcode selbst die Basis für Artikulation wird, wie Coleman an den Protesten um DeCSS[9] aufzeigt. Während der ausführbare Quellcode unter dem Digital Millennium Copyright Act (DMCA) steht, fallen kommentierte Fassungen der Algorithmen nicht darunter. Hacker haben diese Grauzone ausgenutzt, um Fassungen in unterschiedlichen Programmiersprachen, teilweise in Gedichtform zu publizieren und weiter zu verbreiten[10] (vgl.

8 Der Netzwerkbegriff bei Galloway und Thacker umfasst dabei einerseits eine technologische Protokollebene und andererseits die Dimension sozialer Beziehungsnetzwerke. Dieses Zusammenspiel bzw. dieses Wechselverhältnis von Mensch und Maschine führt zu neuen Ausprägungen von Machtformen. Während bisher stabil geglaubte Institutionen hierdurch von innen heraus im Handeln ausgenutzt („to exploit") und somit aufgebrochen werden, verlieren sie ihre Bedeutungskraft als etablierte Zentren der Macht.

9 DeCSS ist ein freie Software, mit der es möglich ist, den Inhalt einer DVD zu dekodieren, der zuvor mit dem Content Scramble System (CSS) verschlüsselt wurde.

10 Die Formen der Verbreitung beschränken sich eben nicht nur auf digitale Räume, so gibt es beispielsweise auch T-Shirts auf denen der Algorithmus als Statement bzw. in

Coleman 2009, S. 438ff.). Indem gegen die Verbreitung des Codes auf juristischem Wege vorgegangen wurde, entwickelte sich die Problematik weg von einer Urheberrechtrechtsverletzung hin zu einer Debatte über das Grundrecht auf freie Meinungsäußerung und verdeutlichen somit, wie schwierig der Umgang mit Code trotz seiner tiefen Verwobenheit innerhalb gesellschaftlicher Strukturen noch immer ist. Zugleich wird deutlich, wie sich die Rolle der Programmierer und Hacker als Akteure innerhalb dieses umkämpften Feldes beschreiben lässt. Die hieraus entstehenden „coding publics" (Cox 2012, S. 91f.) können dabei als Gegenstand solcher emergenten und verstreuten Formen der Macht verstanden werden. Für die Medienbildung sind diese Verflechtung dahingehend von großem Interesse, als dass sich hieran (auch empirisch) aufzeigen lässt, wie eng Digitalität als eine Medialität zunehmend fundierendes, ihre Strukturen und Materialitäten hervorbringendes Phänomen (Jörissen 2014) mit unterschiedlichen Formen der Artikulation verknüpft ist und sich somit ein Analyserahmen aufspannen lässt, der diese reflexiven Potenziale erfassbar macht. – All diese Beispiele zeigen auf, in welch hohem Maße ein genuines digitales Orientierungswissen erforderlich ist und ein spezialisiertes Faktenwissen über Abläufe und Routinen gerade nicht ausreicht, um eine ganzheitliche Urteilsfähigkeit des Subjekts zu bewirken.

4 Fazit

Ausgehend von den unterschiedlichen Dimensionen, die sich entlang von Code und Software entfalten, erscheint es sinnvoll und notwendig zugleich, sich mit der Frage auseinanderzusetzen, wie Code seine Gestalt erhält, wer Entscheidungsträger im Prozess der Erstellung und Produktion sind und in welchem kulturellen, epistemischen, ästhetischen und ökonomischen Bezugshorizont – in wessen Namen, in wessen Auftrag, aufgrund welcher Problemdefinition – sie hervorgebracht wird. Wer legt das Design fest, wie gestaltet sich ein solcher Prozess? Dabei geht es sicherlich um die Implementation von Ideologemen, aber darüber hinaus wesentlich um Brüche und Differenzen zwischen Projektierungen und Modellen, ihren Implementationen den daran anschließenden Praktiken, die immer auch mit Auslegungsprozessen einhergehen und somit Möglichkeitsräume eröffnen. Mit der

Kommentarform gedruckt ist. Derartige subversive Praktiken, die sich im Rahmen der Medialität aufzeigen lassen, lassen sich auch in anderen Kontexten, wie dem kritischen Umgang mit der Software selbst oder der Reflexion von Inhalten aber auch Strukturen beobachten. Beispielhaft – abermals mit Bezug auf digitale Spiele – lässt sich dies entlang des Phänomens um die Let's-Play-Videos in Verflechtung zu deren Spielkulturen zeigen (vgl. Holze und Verständig 2016).

potenziellen Unabgeschlossenheit von Software ergibt sich auch designtheoretisch eine weitere Perspektive, denn mit dem Herstellungs- und Reaktualisierungsprozess von Code und Software gehen zugleich komplexe Beobachtungsleistungen einher, die das Verhältnis von Wissen über Körper, Subjekte, Situationen und Gebrauchsszenarien in den Blick nehmen.

Wie am Beispiel der Open Source-Bewegung verdeutlicht, wird Software dann gar zum reflexiven Gegenstand von Design selbst, wenn sie geöffnet wird und somit die Möglichkeit der Erweiterung und Rekontextualisierung über unterschiedliche Programmierschnittstellen bereitgestellt wird. Dies ist insofern von Bedeutung, als dass Design eben keine kontextfreien Dinge herstellt, sondern Szenarien entwirft, die Dinge, Kontexte und Nutzermodelle umfassen. Indem Kontexte und Nutzermodelle in den Blick genommen werden, geht es vor allem auch um die Möglichkeit Gebrauchsweisen aufzugreifen, zu transformieren, bzw. auch neu zu projektieren.

Wie ist es möglich – aus der Perspektive der Forschung, aber letztlich aus der Perspektive und Position der in und durch diese Prozesse involvierten und in ihnen hervorgebrachten Subjekte – diese zu verstehen und sich zu ihnen bildungstheoretisch-diskursiv, professionell-pädagogisch oder auch in Alltagsvollzügen zu verhalten? Deutlich wurde, dass in jedem Fall eine technologisch verengte Perspektive auf Code und Software nur unzureichende Antworten auf die hier vorgestellten und problematisierenden Fragen geben können. Vielmehr müssen, wie wir aufgezeigt haben, die sozialen, kulturellen und subjektiven Implikationen sowie die performativen Effekte von Code und Software fundiert reflektiert und beurteilt werden können.

Das hier skizzierte wechselseitige und komplexe Verhältnis von digitalen Strukturaspekten einerseits und denen aus ihnen sowie auch gegen sie hervorgehenden subjektivierenden Praktiken andererseits ist angesichts der soziotechnologischen und kulturellen Entwicklungsdynamiken ein wesentliches Feld bildungstheoretischer und empirischer Forschung. Denn die hier verhandelten Problemstellungen lassen sich sogleich auf weitere Bereiche ausweiten, die im Rahmen des Beitrags nur peripher angerissen wurden. So bleibt zu klären, wie mit Produkten umgegangen wird, die zukünftig im Kontext des Internet der Dinge entwickelt werden und welche pädagogischen Wendungen damit einhergehen. Es ist davon auszugehen, dass die Geräte, deren Abläufe automatisiert geregelt werden in naher Zukunft mit dem Netz kommunizieren und über das Netz auch miteinander interagieren. Die Rolle der Akteure wird dabei erneut oder weitergehend zu verhandeln sein, denn es muss davon ausgegangen werden, dass vor dem Hintergrund dieser Entwicklungen auch neue bildungstheoretische Konstellationen ergeben.

Literatur

Butler, J. (2001). Psyche der Macht: Das Subjekt der Unterwerfung. Frankfurt am Main: Suhrkamp.

Chun, W. H. K. (2011). Programmed visions. Software and memory (Software studies). Cambridge, Mass: MIT Press.

Coleman, G. (2009). Code Is Speech: Legal Tinkering, Expertise, and Protest among Free and Open Source Software Developers. *Cultural Anthropology* 24,3. 420–454.

Cox, G. (2012). Speaking Code: Coding as Aesthetic and Political Expression. Cambridge, MA: MIT Press.

Eke, N. O., Foit, L., Kaerlein, T., & Künsemöller, J. (2014) (Hrsg.). *Logiken strukturbildender Prozesse: Automatismen. Schriftenreihe des Graduiertenkollegs „Automatismen“*. Paderborn: Fink Wilhelm.

Foucault, M. (1977). Überwachen und Strafen. Die Geburt des Gefängnisses. Frankfurt am Main: Suhrkamp.

Foucault, M. (1981). Archäologie des Wissens. Frankfurt am Main: Suhrkamp.

Fuller, M. (2008). Software Studies: A Lexicon. MIT Press.

Galloway, A. R., & Thacker, E. (2007). The Exploit: A Theory of Networks. Univ of Minnesota Press.

Galloway, A. R. (2011). What is New Media? Ten Years after The Language of New Media. *Criticism: a quarterly for literature and the arts (Wayne State Univ., Detroit, MI), 53* (3), 377.

Galloway, A. R. (2012). *The interface effect*. Cambridge: Polity.

Golumbia, D. (2009). The Cultural Logic of Computation. Harvard University Press.

Holze, J. & Verständig, D. (2016). It's not just a game – Subversive Praktiken in digitalen Spielkulturen. In J. Ackermann (Hrsg.), *Phänomen Let's Play-Video – Entstehung, Ästhetik, Aneignung und Faszination aufgezeichneten Computerspielhandelns* (S. 225–239). Wiesbaden: Springer VS.

Jörissen, B. (2014). Digitale Medialität. In: C. Wulf & J. Zirfas (Hrsg.), *Handbuch Pädagogische Anthropologie* (S. 503–514). Wiesbaden: VS-Verlag.

Jörissen, B. (2015). Bildung der Dinge: Design und Subjektivation. In B. Jörissen & T. Meyer (Hrsg.), Subjekt Medium Bildung (S. 215–233). Wiesbaden: Springer VS.

Kitchin, R., & Dodge, M. (2011). Code/space: Software and everyday life. Software studies. Cambridge, Mass.: MIT Press.

Koenig, C. (2013). Bildung im Netz. Analyse und bildungstheoretische Interpretation der neuen kollaborativen Praktiken in offenen Online-Communities (E-Learning). Techn. Univ., Diss.--Darmstadt, 2010. Glückstadt: Hülsbusch.

KMK [Sekretariat der Ständigen Konferenz der Kultusminister der Länder in der Bundesrepublik Deutschland] (2016). Strategie der Kultusministerkonferenz „Bildung in der digitalen Welt“, Version 1.0 (Entwurf), Stand 27.04.2016. URL: https://www.kmk.org/fileadmin/Dateien/pdf/PresseUndAktuelles/2016/Entwurf_KMK-Strategie_Bildung_in_der_digitalen_Welt.pdf. Zugegriffen: 27.06.2016.

Lessig, L. (1999). *Code and other laws of cyberspace*. New York, NY: Basic Books.

Lessig, L. (2000). Code Is Law. On Liberty in Cyberspace. http://harvardmagazine.com/2000/01/code-is-law-html Zugegriffen: 27.06.2016.

Lessig, L. (2010). *Code. Version 2.0* (2nd ed.) [S.l.]: SoHo Books.

Mackenzie, A. (2003) The problem of computer code: Leviathan or common power. URL http://www.lancaster.ac.uk/staff/mackenza/papers/code-leviathan.pdf Zugegriffen: 27.06.2016.

Manovich, L. (2001). The Language of New Media. London: MIT Press.

Manovich, L. (2013). Software Takes Command. Bloomsbury: Bloomsbury Academic.

Mareis, C. (2011). Design als Wissenskultur: Interferenzen zwischen Design- und Wissensdiskursen seit 1960. Bielefeld: Transcript.

Mareis, C., Held, M., & Joost, G. (Hrsg.). (2013). *Wer gestaltet die Gestaltung?: Praxis, Theorie und Geschichte des partizipatorischen Designs*. Bielefeld: Transcript Verlag.

Moebius, S., & Prinz, S. (Hrsg.). (2012). Das Design der Gesellschaft: zur Kultursoziologie des Designs. Bielefeld: Transcript.

Münker, S. (2009). Emergenz digitaler Öffentlichkeiten. Die sozialen Medien im Web 2.0 (Edition Unseld, Bd. 26, Orig.-Ausg., 1. Aufl). Frankfurt am Main: Suhrkamp.

Parisi, L. (2013). Contagious architecture: Computation, aesthetics, and space. Technologies of lived abstraction. Cambridge, Massachusetts l, London, England: The MIT Press.

Pasquale, F. (2015). The Black Box Society: The Secret Algorithms That Control Money and Information. Harvard University Press.

Reidenberg, J. R. (1996). Governing Networks and Rule-Making in Cyberspace. Emory Law Journal 45.

Reichert, R., & Richterich, A. (Hrsg.). (2015). *Digital Culture & Society: Vol. 1.2015,1. Digital material/ism*. Bielefeld: transcript.

Tungstall, E. (2013). Decolonizing design innovation: design anthropology and indigenous knowledge. In W. Gunn, T. Otto, & R. C. Smith (Hrsg.), *Design Anthropology: Theory and Practice* (S. 232–250). A&C Black.

Wulf, C., Göhlich, M., & Zirfas, J. (Hrsg.). (2001). *Grundlagen des Performativen: Eine Einführung in die Zusammenhänge von Sprache, Macht und Handeln*. Weinheim: Juventa.

Bildung als projektive Einstellung in einer (Lebens-)Welt der Netzmetaphoriken

Florian Krückel

Der nachmoderne Mensch als stereotyper Funktionär

1 Postmediale Kommunikationsfiguren

Im Mittelpunkt der flusserschen Ausarbeitungen steht die Kommunikologie, die sich in vielen Bereichen mit kommunikationstheoretischen Fragen auseinandersetzt (vgl. hierzu Flusser 2007). Im Rahmen dieses Werks hinterfragt Flusser die menschliche Kommunikation hinsichtlich ihrer Codes wie auch ihrer Strukturiertheit in Diskursen und Dialogen. Die kommunikologischen Untersuchungen sind dabei für ihn immer anthropologischer Art, da in ihrem Zentrum die Frage nach der Konstitution des Menschen als zum Beispiel Subjekt der Aufklärung steht. Die anthropologischen Ausführungen bilden somit die Grundlage der kommunikologischen Überlegungen, weshalb die Fragen im Anschluss an Flusser lauten müssen: „Was kann der Mensch in einer Welt der Digitalität sein?“ und „Wie kann der postmoderne Mensch sich ein kritisches Verhältnis in Welt bewahren?“[1]. In einem ersten Schritt wird ein Blick auf die Veränderungen der für die folgenden Thesen relevanten Kommunikationstrukturen geworfen. Dabei stehen im Mittelpunkt die Unterschiede zwischen dem klassischen Theaterdiskurs und dem des Amphitheaters. Anzumerken ist, dass Flusser in seinen kommunikationstheoretischen Ausführungen zwischen verschiedenen diskursiven Strukturen unterschei-

1 Vgl. hierzu Flusser 2004; Flusser 2007

det, für die im weiteren Verlauf repräsentativ der klassische Diskurs des Theaters und der postmoderne Diskurs des Amphitheaters herausgegriffen und erläutert werden. Diese sind Grundlage der weiteren Erörterung, um zentrale Kritikpunkte an den aktuellen Kommunikationsstrukturen darstellen zu können. In einem zweiten und dritten Schritt wird dann die Bedeutung des Codes und die Veränderung des menschlichen Seins in Welt(en) thematisiert.

Ausgangspunkt für Flusser ist im Rahmen seiner theoretischen Ausarbeitungen die Frage, wie der Mensch mit Hilfe von Kommunikation Welt über Inhalte verändern kann. Inhalte von Kommunikation sind für Flusser ausschlaggebend für das menschliche In-Welt-sein und die Konstitution der Lebenswelt. Sie stehen im Mittelpunkt sobald es um die Frage geht, wie der Mensch Welt aktiv gestalten und verändern kann. Flusser unterscheidet zwischen redundanten und in-formativen Inhalten[2], wobei zweitere mit einem Konzept der Freiheit verknüpft sind. Der Begriff der Freiheit verbindet sich im Anschluss an die flusserschen Theorieansätze immer mit dem Moment des *Veränderns*, *Ent-werfens* und *Projizierens* von Welt, die im weiteren Verlauf noch näher erläutert werden. Somit ist es das Ziel, die Möglichkeit des *In-formierens* in einem flusserschen Verständnis für eine postmoderne Gesellschaft zu erhalten. Hier muss der Verweis darauf genügen, dass die meisten Inhalte der Kommunikation für Flusser redundanter Art sind. Sie programmieren den Menschen, was so viel heißt, dass der Mensch unbewusst in ein Verhältnis der Abhängigkeit gedrängt wird. Die Verbreitung redundanter Inhalte prägt die postmoderne Lebenswelt, Werbung ist hierfür ein Beispiel. Somit bleibt festzuhalten, dass das menschliche In-Formieren der Welt besonders in einer digitalen Umgebung gestärkt werden sollte um die zentralen Errungenschaften des aufklärerischen Denkens, wie Konzepte von Freiheit und Autonomie, von denen ein philosophischer Bildungsbegriff abhängt, zu erhalten. Veränderungen von Welt, die an Inhalte informativer Art geknüpft sind, resultieren aus Sicht der flusserschen Kommunikologie immer aus dialogischen Strukturen (vgl. Flusser 2007, S. 291). Die Chance, die Flusser im Dialog sieht, beruht auf einer Kommunikation unter Gleichen, die er häufig als demokratisch bezeichnet (vgl. Flusser 2000, S. 72). Diskurse hingegen stehen den Dialogen diametral gegenüber und

2 Unter redundanten Inhalten versteht Flusser Inhalte, die in gleicher Form und mit gleichem Inhalt weitergegeben werden. Diese Strukturen verdeutlicht er in seiner Kommunikologie (vgl. hierzu Flusser 2007, S. 20–50) und benennt beispielhaft die kommunikativen Strukturen des Militärischen, wie auch des Religiösen, die in besonderem Maß um den Erhalt ihrer Inhalte bedacht sind. Diesen redundanten Inhalten setzt er die in-formativen gegenüber, die eben zur Veränderung von Inhalten und somit zu Veränderungen von Gesellschaft und Menschen beitragen. (vgl. hierzu Krückel 2015 Kapitel 3)

verhindern demokratische Strukturen der Aushandlung. Ähnlich wie die kommunikativen Inhalte einer nachmodernen Gesellschaft zu großen Teilen redundanter Art sind, zeichnet sich die dominierende Struktur der Kommunikation durch ihre Diskursivität aus. Diskursive Kommunikationsstrukturen werden bei Flusser mit restriktiven Aspekten verbunden, in denen der Erhalt des Inhalts im Mittelpunkt steht (z.B. religiöse Gemeinschaften, Armeen,…). Aus ihnen resultiert die Vermassung und Programmierung des Einzelnen und der Gesellschaft, das heißt die Menschen verlieren ihren Status als Subjekte (vgl. Flusser 1995, S. 115). Aufgabe der bildungswissenschaftlichen Diskussion sollte es daher sein, Räume des Demokratischen[3] und der Kritik zu ermöglichen, aus denen In-Formationen hervorgehen können (vgl. Flusser 2007, S. 272). Diese Räume sind demokratisch, das heißt dialogisch einzurichten mit dem Ziel der Hervorbringung von In-Formation als Grundlage für einen digitalen Begriff von Bildung[4].

Um diese These zu erläutern wird im weiteren Verlauf der klassische Diskurs des Theaters mit der postmodern veränderten Form des Amphitheaters verglichen. Der älteste Diskurs ist für Flusser der des Theaters. Diesen verortet er neben dem Theater in Klassenzimmern, Konzertsälen und Bereichen der Gesellschaft, in denen eine Person vor anderen spricht, beziehungsweise vorträgt. In diesen Strukturen stehen sich Sender und Empfänger direkt gegenüber. Sender wie auch Empfänger kennen sich, sie sind in Form einer Person existent und für den Empfänger be-greifbar und begrifflich zu fassen. Im Gegensatz zu den anderen flusserschen Diskursmodellen ist ein direktes Antworten auf die oder den Sender möglich. Rollentausch wie auch Möglichkeiten des direkten Feedbacks sind in diesem Diskurs enthalten. Jeder Teilnehmer des Diskurses kann die Rolle wechseln und zum Sender werden. Revolutionen, im Verständnis einer Veränderung der sendenden Einheit, sind in theatralisch diskursiven Strukturen möglich und es muss die Frage im Blick behalten werden, wie diese in digitalen Räumen oder genauer einer digitalisierten Welt – die geprägt ist durch amphitheatralische Strukturen – erhalten werden können (vgl. Flusser 2007, S. 21ff.).

3 Flussers Verständnis von Räumen des Demokratischen zeigt gewisse strukturelle Überschneidungen mit den Begriffen Polizei, Politik und Gleichheit bei Jacques Rancière (vgl. Rancière 2014, S. 41).

4 Bildung wird dabei jenseits einer empirischen Messbarkeit als ein kritisch-zweifelndes In-Welt-sein (in der Tradtion Kants, von Humboldts, Adornos u.a.) verstanden. Diesen Begriff gilt es spätestens in der Postmoderne vor dem Hintergrund gesellschaftlicher Veränderung im Rahmen des Digitalen zu erneuern. Dabei sind die Antworten auf die Frage „Wie sind Kritik, Reflexivität und Mündigkeit vor dem Hintergrund digitaler Veränderungen möglich ?“ neu zu bestimmen. (vgl. hierzu Dörpinghaus 2014; Krückel 2015)

In einem nächsten Schritt ist zu klären, was den Amphitheaterdiskurs auszeichnet. Im Vergleich zu dem Theaterdiskurs besteht er aus einem zentralen oder in der idealtypischen Form zentralisierten Sender. Es gibt einen Sender, in dem alle Inhalte gespeichert sind und der sie zu den Empfängern hin ausstrahlt. Die individuelle oder auch personelle Komponente, wie sie im Diskurs des Theaters vorherrscht, ist verschwunden und der Sender wird zu einem non-personalen digitalen und damit zeitlich unbegrenzten Speicher. Die Empfänger sind als solche für den Sender programmiert, das heißt der Sender kann sich sicher sein, dass er auf Empfänger trifft. Der Unterschied im Vergleich zu dem Diskurs des Theaters ist dabei, dass die Inhalte nicht für das einzelne Individuum angepasst sind. Die vorlesende Oma, die den Inhalt an das einzelne Enkelkind als Individuum und Subjekt anpasst, ist verschwunden. Vielmehr kann sich der non-personale Sender des Amphitheaters sicher sein, dass er auf eine Gruppe von stereotypen verobjektivierten Empfängern trifft. Die Empfänger sind an die Inhalte angepasst. Sie können dadurch nur noch empfangen und der non-personale Sender ist die unendliche, unsterbliche Konstante in diesem Diskurs, die in der Nachmoderne zunehmend durch künstliche Speicher realisiert wird. Möglichkeiten der Rückmeldung sind in der Struktur des Amphitheaterdiskurses nicht angelegt oder genauer bleiben sie unberücksichtigt. Falls Formen des Feedbacks realisiert sind, tragen sie nur der Erhaltung des Diskurses beziehungsweise der Verbesserung des Diskurses und damit der Programmierung des Einzelnen bei. Somit sind Veränderungen, die zuvor auch unter dem Begriff der Revolution gefasst wurden, kaum möglich. Die Form der amphitheatralischen Kommunikation erkennt Flusser in den Bereichen der digitalen Kommunikation wieder (vgl. Flusser 2007, S.27ff.). Hieran zeigt sich der non-personale Sender, der dem Einzelnen nicht mehr zugänglich ist. Er kann strukturell wie auch inhaltlich nicht mehr zu dem Sender, den Sendern und dem Entstehen der Inhalte vordringen (vgl. hierzu Osten 2004, S.72). Somit verschließt sich ihm die Teilhabe an der Entstehung von Inhalten.

In Anlehnung an Michael Seemann (Twitter: @mspro) lässt sich die These vertreten, dass sich diese Sender heute in Form von Plattformen realisieren und eventuell der von ihm vorgeschlagene Begriff der Plattformgesellschaft ein treffender ist für eine Analyse des gesellschaftlichen Zusammenschlusses in digitaler Form (vgl. hierzu Seemann 2015). Mit Blick auf eine digital geprägte Lebenswelt zeigt sich, dass die Räume des demokratischen und dialogischen Aushandelns von In-Formation schwinden. Die großen Unternehmen bilden Plattformen in denen sie die Regeln und Normen definieren und Kommunikation (vor)strukturieren.

> „Viele Online-Aktivitäten finden nicht mehr im offenen virtuellen Raum, auf der »virtuellen Allmende« statt. Es sind vielmehr die Gärtner der hübsch umzäunten

> und streng kuratierten Schrebergärtchen im Netz, wie sie Apple oder Amazon angelegt haben, die für uns den Zugang zu Informationen organisieren. Sie locken uns Nutzer als verträumte Kinder der Sonne 2.0 aus dem einst offenen und freien Netz in ein virtuelles Disneyland." (Meckel 2013, S.13)

Die abnehmende Bedeutung des Theaterdiskurses und die dominierende Rolle des Amphitheaterdiskurses führt Flusser auf die veränderten technischen Möglichkeiten zurück. Der Fernseher – vielleicht auch schon das Radio, beispielhaft der Volksempfänger – ersetzt die Rolle der Großmutter, wodurch verhindert wird, dass jeder zum Sender werden kann und somit die Möglichkeit des Revolutionären schwindet. Ebenso verhindern sie auf struktureller Ebene den Rollenwechsel zwischen Sender und Empfänger (vgl. Flusser 2007, S.34ff.). Ziel muss es daher in zukünftigen Formen der Gesellschaft sein, der Generierung von Redundanz Räume der Erstellung von In-formationen gegenüberzustellen und diese auf breite Bereiche der Gesellschaft auszuweiten (vgl. Foucault 1992, S.39).

2 Der binäre Code und das technische Bild

Neben den diskursiven Strukturen für Kommunikation ist zu thematisieren, dass der Begriff Code als die Form der Kommunikation benannt wird, in der Symbole zu sinnhaften, semantischen Zusammenhängen geordnet werden. Er bringt Empfänger und Sender hervor, das heißt er bedingt die Vorstellung des Menschen von seiner Lebenswelt. Code ist die Grundlage jeglicher Kommunikation und findet sich in verschiedenen Ausprägungen in der Geschichte der Menschheit wieder. Der die Moderne dominierende Code ist die alpha-numerische Schrift. Sie prägt den Denkraum und darüber die Lebenswelt des Zeitalters der Moderne. Flusser geht von der These aus, dass sich die Bedeutung der linearen Schrift, die die Gesellschaft alpha-numerisch seit dem Buchdruck beeinflusst, in der Nachmoderne abschwächt. Der Technocode, ein Code, der auf einer binären Grundlage 0 und 1 fußt, prägt die postmoderne Lebenswelt kommunikationstheoretisch. Das heißt neben den veränderten Strukturen durch eine amphitheatralische Kommunikation bedingt der veränderte Code das Sagbare und Be-fragbare, wie auch das Nicht-Sagbare und Nicht-Befragbare in einer postmodernen Lebenswelt. Im Anschluss an die These Flussers verändern sich Gesellschaften historisch betrachtet einschneidend mit der Auflösung einer dominierenden Form des Codes hin zu einem neuen Code. Für Flusser stellt der Übergang von der Moderne zur Postmoderne einen dieser zentralen Einschnitte ausgelöst durch die Veränderung im Code dar (vgl. Flusser 2000, S.7). Um mit der entstandenen Codeform und den Technobildern umgehen und sich zu diesen verhalten zu können, ist es nach Flusser erforderlich, das digitale Schreiben und Lesen zu erlernen, um im Kontext einer veränderten Welt die Grundlage für ein kritisches In-Welt-sein zu schaffen.

Repräsentativ für eine Veränderung des die Gesellschaft dominierenden Codes steht im Zentrum der flusserschen Analysen das Technobild (vgl. Wiesing 2005, S.13ff.). Das technische Bild, hervorgehend aus dem Technocode, ist im Gegensatz zum klassischen Bild ein zusammengesetztes, welches projizierend auf die Welt (ein)wirkt. Diese technischen Bilder werden aus Gleichungen und Kalkulationen hervorgebracht, die sich mit Hilfe technischer Apparate (Fotokameras in analoger, wie auch digitaler Form, Smartphones, etc.) realisieren. Sie tragen die Möglichkeit der projizierenden Einbildungskraft in sich (vgl. Flusser 2004, S.25). Das heißt neben der Vermassung des Menschen ist auch die Möglichkeit, Welt zu verändern im technischen Code, wie seinen Apparaten angelegt. Flusser versteht darunter, dass die technischen Bilder, die in einer postmodernen Lebenswelt allgegenwärtig sind, nicht einer vermeintlichen Welt, die wir als Wirklichkeit bezeichnen treu sind, sondern dem dahinter stehenden Code (vgl. Guldin 2009, S.157). Technische Bilder, die große Teile der heutigen Lebenswelt bedingen, sind somit zusammengesetzte Teilchen. Übertragen auf die digitalen Bilder bestehen sie aus Pixeln und den Zwischenräumen als Nicht-Pixeln (vgl. Flusser 2002, S.145). Sie sind keine Bilder von Welt, sondern projizieren Welt, sie ent-werfen Welt. Die neue globale Schriftsprache, die sich im Zuge dessen entwickelt und ihren Ausdruck im technischen Bild findet, ist der binäre Technocode. Der Mensch trifft in Filmen, im Fernsehen, in Supermärkten oder auf Werbeplakaten auf diese nach Flusser neue Form des Codes. Die Bilder, die den Menschen in der Postmoderne umgeben, enthalten eine neue globalisierte Form der Kommunikation, die sich zu großen Teilen aus einer ökonomischen Bedingtheit ergibt. Technobilder entwickeln sich zu einer zentralen Kommunikationsform der postmodernen Lebenswelt und bedingen das menschliche Sein in dieser. Sie führen, so die These im Anschluss an Vilém Flusser, in großen Teilen zu einer Vermassung und zu unbewussten Abhängigkeiten von Apparaten (vgl. Flusser 2000, S.20f.). Durch die massenhafte Verbreitung der Bilder tragen diese das Potential in sich, zu unreflektierten Vor-bildern zu werden. Sie transportieren Sichtweisen und Einstellungen wie auch Haltungen, die den Empfänger programmieren also beeinflussen (vgl. Wiesing 2001, S.192). Den Bildern kommt daher in der Gesellschaft eine Orientierungsfunktion für die vermassten Subjekte zu. Durch Bilder entwickeln sich Modelle von Subjektivität zu einer konkreten Realität, zu einer undurchsichtigen Wirklichkeit (vgl. Flusser 1990b, S.105). Sie werden von Vor-Bildern zu unbewussten, zu unreflektierten Vor-Schriften. Somit lässt sich die These aufstellen, dass der postmoderne Mensch einer ist, der nur in Welt ist, wenn er im Bild ist, das heißt Bilder sind die zentrale

Bedingung seines Seins. In der Folge kann die Bilderflut der Nachmoderne als eine Art der Selbstvergewisserung interpretiert werden. Sie stellt die Vergewisserung dar, die prüft, ob das Subjekt noch in Kommunikation ist, metaphorisch gesprochen also noch lebt. Diese Fluten an Bildern lassen sich in verschiedensten Ausprägungen in den heutigen social networks finden. Durch die Technobilder weitet sich der Aspekt dahingehend aus, dass der nachmoderne Mensch nur noch in und mit Bildern (da) sein kann. Real(ität) ist und wird nur das, was im Bild zu sehen ist (vgl. Flusser 1990a, S.123). Daran schließt sich die Frage an, wie kann der Mensch existieren und was kann er sein in einer Welt des Technobildes?

3 Das verobjektivierte Subjekt – Der Mensch als Objekt

Nach der Analyse der veränderten Strukturen von Kommunikation stellt sich die Frage, welche Auswirkung sich daraus für den Menschen und die Gesellschaft ergeben. Der Technocode in Kombination mit den amphitheatralischen Strukturen trägt die Tendenz in sich, eine vermasste Gesellschaft hervorzubringen, die zu großen Teilen durch repressive Machtverhältnisse auf den Menschen wirken. Mit Hilfe der Codes und im besonderen Maß durch die Struktur des Amphitheaters werden Bedürfnisse und Wünsche des Menschen programmiert, ohne dass ein reflektiert-kritisches Verhältnis zu diesen Abhängigkeiten möglich ist. Die Menschen werden zu einem stereotypen vermassten Objekt einer postmodernen amphitheatralisch strukturierten Lebenswelt. Der Mensch ist Empfänger der für Flusser faschistisch[5] gearteten Strukturen und konsumierendes Objekt stereotyper Modelle. In dieser Gesellschaft kann der Mensch nicht anders als die Technobilder unreflektiert zu empfangen, da er die Fähigkeit der Entschlüsselung des technischen Codes und der technischen Bilder nicht erlernt hat. Auf dieser Grundlage kann die Entwicklung mit der kantischen Formel einer „selbst verschuldeten Unmündigkeit" (Kant 2005, S. A481) als eine Unmündigkeit gegenüber dem technischen Code und damit der Welt, den aus dem Code hervorgehenden Apparaten und einer Abhängigkeit von Experten und Eliten interpretiert werden. Der vermasste postmoderne Mensch bei Flusser ist ein unmündiger im Sinne Kants oder im metaphorischen Verständnis Platons ein Bewohner der Höhle, der die Schatten schaut und als wahr setzt. Er dreht seinen Kopf nicht und bedient sich nicht seiner

5 Den Begriff faschistisch leitet Flusser über den lateinischen Begriff *faces* her. Diesen verknüpft er mit Zentren aus denen Informationen in Bündeln und somit gleichsam in einer faschistischen Struktur redundante Inhalte weitergeben werden (vgl. Flusser 2003, S. 156).

Möglichkeiten, gegen die Unmündigkeit anzugehen. Er richtet sich sein glückliches Leben in der digitalen Welt als Gefesselter, als Unmündiger ein (vgl. Flusser 1992, S. 121).

Die Bilderflut, die die Nachmoderne Gesellschaft prägt, bringt eine Gesellschaft der Masse hervor. Mit Hilfe der Bilder, als zentrale Ausdrucksform des technischen Codes, werden die Empfänger gleichgeschaltet und durch einseitige diskursive Prägungen programmiert. Da (Techno-)Bilder für die Menschen realer wirken, das heißt den Schein der Wahrheit am besten transportieren, machen sie den Menschen existentiell von sich abhängig. Diese existentielle Gebundenheit impliziert, dass ein Sich-wenden gegen diese Struktur den Status des Menschen als Subjekt, Individuum, etc. in Frage stellt und auch auflösen kann (vgl. Flusser 1997, S. 73). Das grundsätzliche Problem der (digitalen) Unmündigkeit ist mit dem Hinterfragen seines eigenen Weltbilds verknüpft. Fragt der Mensch nach den Bedingungen seines Seins besteht zumindest die Gefahr dieses aufzulösen. Anders: Mit dem Befragen ist immer der mögliche Verlust des eigenen (Selbst-)Konzepts angelegt, also in der Metaphorik Foucaults die Welle, die das Gesicht und damit das Selbst im Sand verschwinden lässt (vgl. Foucault 2003, S. 462).

Durch die gesellschaftlichen Veränderungen findet eine Spaltung statt, die eine breite Masse und eine immer kleinere Elite – der digital Lesenden und digital Schreibenden der Nachmoderne – entstehen lässt (vgl. Flusser 1998, S. 86). In Verbindung mit den Thesen zur Plattformgesellschaft können die Big-Five[6] Ausdruck für sendende Einheiten sein. Sie definieren Normen, Gesetze, Regeln und bedingen dadurch eben auch die Vorstellungen von gesellschaftlichen Zusammenschlüssen der postmodernen Zeit. Ebenso verändern und prägen sie die anthropologischen Vorstellungen des Menschen.

Zusammenfassend ist zu beachten, dass Flusser dem Zeitalter der Nachmoderne eine breite, durch ökonomische Modelle vermasste Bevölkerung zu Grunde legt. Angefangen mit den Analysen der Strukturen der NS-Zeit bis zu den veränderten Strukturen der Kommunikation wie des Codes zeigt er auf, dass der Mensch sich verstärkt in Abhängigkeiten begibt, er sich auf eine Form dessen, was im Verlauf des Aufsatzes als digitale Unmündigkeit bezeichnet wurde, zubewegt. Breite Bevölkerungsschichten zeichnen sich weitgehend durch Kritiklosigkeit gegenüber dem digitalen Code und der digitalen Struktur aus. Es entstehen stereotype Funktionäre, die als Empfänger vermassender Modelle erscheinen. Diese redundante, vermassende Struktur gilt es für Flusser aufzulösen, um weiterhin Subjekt, vielmehr Projekt sein zu können, das die vorgegebenen Modelle über-

6 Unter Big-Five werden folgende Firmen verstanden: Google, Facebook, Amazon, Microsoft und Apple (vgl. Sprenger und Engemann 2015, S. 19).

schreitet. In dieser Überschreitung der Modelle und Ordnungen liegen Möglichkeiten einer nachmodernen Form von Bildung. Hinter Flussers Analysen steht die Frage, welche anderen Realisierungsformen des Mensch-seins noch möglich sind (vgl. Guldin 2009, S. 148)? Diese Probleme sind keine technischer Art, sondern vielmehr sind es gesellschaftlich-politische Probleme und dadurch Aufgaben, die zu großen Teilen durch eine erziehungswissenschaftliche Disziplin thematisiert und „bearbeitet" werden müssen (vgl. Michael 2009, S. 32).

Der Mensch als intersubjektives Projekt

Wie schon angedeutet ist die Frage im Anschluss an Vilém Flusser „Was kann der Mensch in einer sich im weitesten Sinn digital veränderten, digital bedingten Welt sein?". Nachdem erläutert werden konnte, was der Mensch ist, beziehungsweise auf welche Probleme ein postmodernes Sein zusteuert, soll im weiteren Verlauf der Mensch als „intersubjektives Projekt" als Chance eines neuen Modells des Menschen für den erziehungs- und bildungswissenschaftlichen Kontext dargelegt werden.

Der Mensch ist nach Flusser einer, der sich in Anlehnung an Heidegger aus seinem Geworfen-sein ent-wirft (vgl. hierzu Heidegger 1979). Die Möglichkeit sich zu ent-werfen bietet für den erziehungswissenschaftlichen Kontext eine vorerst utopische, fiktionale Vorstellung, wie der Mensch postmodern gedacht werden kann und wie sich Bildung als Grundbegriff der Erziehungswissenschaft neu in einer digitalen Lebenswelt diskutieren lässt. Dieses Ent-werfen wird von Flusser als Projizieren gefasst, das heißt der Mensch, die Person, die sich ent-wirft, hat gelernt Welt zu projizieren, kurzum Welt zu verändern.[7] Somit ist in dieser Möglichkeit grundgelegt, dass sich der Mensch gegen seine (digitale) Unmündigkeit wendet.

Die anthropologische Vorstellung des Menschen als Projekt, rückt ab von einer starken Orientierung am Subjekt als Individuum und stärkt die Zusammenschlüsse von Menschen als Gruppe (vgl. hierzu Blumenberg 2009, S. 105). Diese sind im Anschluss an Flusser interdisziplinär anzulegen, das heißt sie überschreiten am Beispiel der Wissenschaft die klassischen wissenschaftlichen Diskurse. Flusser versucht Zeit seines Lebens eine Zusammenführung von Natur- und Geisteswis-

7 Ähnliche Ideen finden sich schon in den Thesen Turings. Er entwickelt eine Sprache, die kontextfrei und formal ist. Dabei geht das Medium von einem des Verstehens zu einem der Anordnung über und die Menschen gestalten Welt aktiv mit (vgl. Sesink 2008, S. 408).

senschaft zu realisieren (vgl. Flusser o.J., S. 1–5). Durch ein spielerisch-dialogisches In-Welt-sein in Gruppen und Netzwerken bringt der Mensch Modelle und Ordnungen, das heißt, seine Lebenswelt hervor. Er kann seine Lebenswelt also aktiv beeinflussen, allerdings in einer starken Verbundenheit mit anderen. Das Projekt-sein ist somit Ausdruck einer digitalen Anthropologie des Menschen, die eine starke Orientierung am Subjekt überschreitet. Daran lässt sich zeigen, wie das Projekt als Gegenentwurf zum Subjekt Reflexionsräume und Räume der Kritik eröffnet und den Begriff von Bildung unter einer stärkeren Orientierung an der Gruppe in einer Welt der Digitalität neu bestimmt. Es kann grundsätzlich als Herausforderung angesehen werden, den Bildungsbegriff abgekoppelt von einer Subjektorientierung im modernen Sinn auszuhandeln. Die Geste des Menschen ist dabei eine des sich Ent-werfens (vgl. Flusser 1997, S. 90f.). Somit wird das menschliche In-Welt-sein zu einer aktiven Gestaltung der Lebenswelt. Dafür müssen die Menschen eine dialogische Form der Kommunikation etablieren und lernen sich dadurch aktiv zu den Apparaten zu verhalten. Es ist eine Lebenshaltung, die sich der Freiräume des Menschen als entwerfendes Projekt bewusst wird und nach dialogischen Optionen in einer vernetzten digitalisierten Welt sucht (vgl. Flusser 2004, S. 257). Grundsätzlich etabliert sich diese Lebensform nicht gegen Apparate, sondern in einem aufgeklärten Miteinander. Dafür ist eine Abkopplung von einzelnen diskursiven Bindungen nötig. Erst durch diese „Unabhängigkeit" hat der Mensch die Möglichkeit, veränderte Vorstellungen von Welt hervorzubringen. Es bieten sich dem Menschen als Projekt neue, vorher nicht dagewesene Möglichkeiten, auf die Lebenswelt einzuwirken, das heißt, neue künstliche und auch künstlerische Lebenswelten zu erstellen. Mit Zielinski ist es eine Bewegung, die das Sich-verwirklichen zu realisieren sucht (vgl. Zielinski 2010, S. 52). Es sind schöpferische Momente als Verwirklichung von Möglichkeiten innerhalb einer vernetzen Lebenswelt (vgl. Flusser 1987, S. 4).

> „Die gegenwärtige Kulturrevolution besteht darin, daß wir fähig geworden sind, neben die uns angeblich gegebene Welt alternative Welten zu stellen." (Flusser 1993, S. 54)

Es entstehen Formen des Lebens, die nicht mehr zwischen Subjekt und Objekt unterscheiden. Vielmehr wird diese Unterscheidung in einem Universum des Ent-werfens obsolet (vgl. Flusser 1997, S. 224). Mit den Projektionen erkennt der Mensch sich als ent-werfendes Wesen im digitalen Code und die Relativität seiner Erkenntnisse, Wahrheiten, wie auch seiner Lebenswelt.

Ein kritisches In-Welt-sein verbindet sich daher mit dem Auflehnen gegen die Programmiertheit der Gesellschaft. Es stellt das Moment der Störung der Ordnung, also des Geordneten, in einer vermassten Gesellschaft dar. Nur in Autorengruppen, also intersubjektiv, kann der postmoderne Mensch zum Manipulator seiner Lebenswelt werden, um seinen Status als Projekt nicht zu verlieren. Es ist ein dialogischer, demokratischer wie auch künstlerischer Versuch einer utopischen Aushandlung des Möglichkeitsraums, der den telematischen Menschen zum Manipulator und Hacker seiner Lebenswelt erhebt. Es stellt eine Wendung gegen Konzepte, die den Menschen in Ordnung und Unmündigkeit binden, dar. Dadurch kann Flusser als ein Vordenker eines Konzepts von Bildung gelten, das sich als Störung des Geordneten im Moment der Reflexion begreift. Bildung lässt sich im Anschluss daran als eine projektive Haltung der Störung der Geordnetheit in Gesellschaft verstehen.[8]

Wider eine institutionalisierte Form der Bildung – Bildung als Projekt

Abschließend soll ein Vorschlag gegeben werden, der gängige Formen der pädagogischen Institutionen zu überschreiten sucht und die Frage stellt, wie sich bildungswissenschaftliche Theoriebildung positionieren kann. Die Diskussion der Nach- beziehungsweise Postmoderne dreht sich grundsätzlich um die Auflösung von Wahrheit und die Etablierung von diskursiv geprägten Wahrheiten (vgl. hierzu Welsch 2008). Es findet eine Pluralisierung des Begriffs von Wahrheit statt. Mit Flusser bleibt diesem veränderten Verständnis von Wahrheit zu ergänzen, dass eine Idee der Mündigkeit und Freiheit im Kontext der postmodernen Veränderung immer mit dem In-Formativen verknüpft ist. Dieses ist ein Hinzufügen von Neuem, verstanden als ein Überschreiten von Normativität und von redundanten Inhalten. Institutionen wie zum Beispiel Schule, aber auch Universität zeichnen sich, so die These, gänzlich durch redundante Inhalte aus (vgl. Flusser 1979, S. 11) beziehungsweise etwas abgeschwächt neigen sie durch Kanonisierung, Lehrpläne etc. dazu, das Neue, das Andere also das Ungeordnete, das Außerordentliche zumindest in der Lehre aus dem Blick zu verlieren. Evaluationen, die den pädagogischen Bereich spätestens im Zuge der PISA-Studien überschwemmen, verstärken diese Tendenzen hin zu einer ökonomisch bedingten und gesteuerten Inhaltlichkeit. Schulen, wie auch Universitäten bleiben somit im foucaultschen Sinne (vgl. Foucault 1977, S. 181f.) und in Anlehnung an Deleuze (vgl. Deleuze 1993,

8 Diese Thesen werden ausführlich entwickelt in Krückel (2015) und heben die Bedeutung der flusserschen In-Formation für ein kritisches In-Welt-sein in einer Welt der Digitalität hervor.

S. 254) Räume der lückenlosen Kontrolle. Im Jargon Flussers programmieren sie den Menschen oder trainieren ihn für eine Welt des Arbeitens und der Arbeit, zu einem austauschbaren Stereotyp der Ökonomie.[9] Sie sind gleichsam moderne Institutionen in einer postmodernen Zeit und, so die These weiter, verlieren dadurch ihren „aufklärerischen" Einfluss. In diesem Kontext wird am Übergang zur Postmoderne allgemeine Bildung schon in den ersten Klassen der Grundschule zur Berufsbildung. Räume die Möglichkeiten des Zweifelns, Kritisierens und Veränderns eröffnen, schwinden. Das kritisch zweifelnde Subjekt der Aufklärung löst sich auf und es bleibt die Frage nach den Möglichkeiten des Erhalts und des Erneuerns dieser kritischen Haltung.

Wenn Flusser weiter gedacht und der Versuch unternommen wird, seine Thesen zu aktualisieren, bietet sich die Figur des (Cultural) Hackers (vgl. hierzu Liebl et al. 2005) an, um das flussersche Theoriekonstrukt rund um die Begriffe Störung das Ent-werfen und Projizieren im Rahmen des pädagogischen Diskurses zu diskutieren. Der Cultural Hacker wird im Anschluss als kritischer Beobachter der Welt verstanden, der gelernt hat, den Code zu lesen und darüber hinaus Welt zu verändern. Möglicherweise eröffnet dieses Konzept einen Denkraum, eine wissenschaftliche Fiktion, die den Kampf in einer digital vernetzten Welt annimmt, um die Rolle der Bildungswissenschaften zu stärken.

Die Figur des Hackers oder vielmehr des Cultural Hackers kann durch die flusserschen Ansätze gewinnbringend erweitert und untermauert werden. Sie bietet ein Portfolio, das sich in besonderem Maß durch das Überschreiten von Ordnung und Geordnetem auszeichnet. Funken nennt es in Anlehnung an Schumpeter eine „Schöpferische Zerstörung" (Funken 2010, S. 193), die mit der Struktur des postmodernen Collagierens verbunden werden kann. Der Hacker ist in diesem Verständnis eine Figur, der alte Ordnungen zerstört und neue Lösungen, Ideen wie auch Ordnungen hervorbringt. Er verhält sich in-formativ in und zu (s)einem Code. Zusätzlich scheint eine Verknüpfung in dialogischen Gruppen zumindest im Ansatz in der Kultur des Hackens angelegt zu sein.

Was kann die Pädagogik nun von einer postmodernen Figur des Cultural Hackers lernen? Er zeigt ihr in einem ersten Schritt – und diese Erkenntnis scheint durchaus trivial zu sein – die Möglichkeiten einer Vernetzung im Internet neben einer (ökonomischen) Strukturiertheit auf, das heißt eine Vernetzung, die nicht über eine diskursive Logik, sondern in einer dialogischen Struktur gegeben ist. Daneben zeigt er ihr auf – und hier geht es an die Grundpfeiler unserer Disziplin – wie wir mit modernen Institutionen genau das verhindern, was in der Aufklärung angelegt wurde. Statt dem Ausgang aus stellen sie den Eingang in eine selbstver-

9 Vgl. Flusser o.J., S. 13; Flusser o.J., S. 6; Flusser 1979, S. 4; Flusser 2008, S. 242

schuldeten Unmündigkeit dar. Die Gesellschaft ist somit gerade auf dem besten Weg – falls sie diesen Zustand jemals verlassen hat – wieder in ein starkes Abhängigkeitsverhältnis zu geraten, also in Unmündigkeit. Die hier vertretenen Thesen wenden sich somit gegen obsolete Figuren des Pädagogischen wie zum Beispiel der Schule und der Universität mit dem Ziel, Räume und deren methodische Strukturiertheit zu durchbrechen und eine Kultur des Hackens als ein Leben in einer pluralen dialogischen Strukturiertheit zu ermöglichen, für die uns die digitale Lebenswelt alle Möglichkeiten bietet. Somit muss die Pädagogik sich ihrer Wurzeln als Disziplin der Bewahrung von Möglichkeits- und Freiräumen besinnen, als Bewahrerin der Aufklärung und als Bewahrerin eines Menschenbilds – vielleicht als Projekt – jenseits stereotyper Vorstellungen des Menschen in einer digitalisierten Welt. Bildung kann in diesem Kontext als Störung und Ent-Programmierung des Geordneten verstanden werden und wird somit in vielen Bereichen unsere Institutionen von Erziehung und Bildung durch die von Meckel (2013) beschriebenen fein kuratierten Schrebergärten verhindert.

Literatur

Blumenberg, H. (2009). Geistesgeschichte der Technik: Mit einem Radiovortrag auf CD. Frankfurt am Main: Suhrkamp.

Deleuze, G. (1993). Postskriptum über die Kontrollgesellschaft. In G. Deleuze (Hrsg.), Unterhandlungen, 1972–1990 (S. 254–262). Frankfurt am Main: Suhrkamp.

Dörpinghaus, A. (2014). Bildung als Fähigkeit zur Distanz. In: Dörpinghaus, A./ Mietzner, U./ Platzer, B. (Hrsg.), Bildung an ihren Grenzen. Zwischen Theorie und Empirie. Darmstadt: WBG, S. 45–54.

Flusser, V. (o. J.). Interface. Verfügbar unter: Vilém Flusser Archiv Berlin. Archiv-Nr. 2618.

Flusser, V. (o. J.). Verschiebung im Verhaeltnis der Raeume (Der oeffentliche und der private Raum unter dem Einfluss der Industrialisation und der nach-industriellen Stadtgestaltung.). Verfügbar unter: Vilém Flusser Archiv Berlin. Archiv-Nr. 2488.

Flusser, V. (1979). Private und oeffentliche Raeume. Verfügbar unter: Vilém Flusser Archiv Berlin. Archiv-Nr. 3198.

Flusser, V. (1987). Zeitalter nach der Schrift. Verfügbar unter: Vilém Flusser Archiv Berlin. Archiv-Nr. 2509.

Flusser, V. (1990a). Die Macht des Bildes. In H. v. Amelunxen & A. Ujică (Hrsg.), Television-Revolution. Das Ultimatum des Bildes : Rumänien im Dezember 1989 (S. 117–124). Marburg: Jonas.

Flusser, V. (1990b). Fernsehbild und politische Sphäre im Lichte der rumänischen Revolution. In K. Sei (Hrsg.), Von der Bürokratie zur Telekratie, Rumänien im Fernsehen (S. 103–114). Berlin: Merve.

Flusser, V. (1992). Vermassung und Vernetzung. In J. D. Pattillo-Hess (Hrsg.), Der Stachel des Befehls (S. 117–121). Wien: Löcker.

Flusser, V. (1993). Warum eigentlich klappern die Schreibmaschinen? In V. Flusser (Hrsg.), Vom Stand der Dinge. Eine kleine Philosophie des Design (S. 51–54). Göttingen: Steidl.
Flusser, V. (1995). Der Flusser-Reader zu Kommunikation, Medien und Design: Die Revolution der Bilder. Mannheim: Bollmann.
Flusser, V. (1997). Medienkultur. Frankfurt am Main: Fischer Taschenbuch.
Flusser, V. (Hrsg.) (1998). Standpunkte: Texte zur Fotografie. Göttingen: European Photography.
Flusser, V. (2000). Ins Universum der technischen Bilder (6. Aufl.). Göttingen: European Photography.
Flusser, V. (2002). Die Schrift: Hat Schreiben Zukunft? (5. Aufl.). Göttingen: European Photography.
Flusser, V. (2003). Streuen. In S. Wagnermaier & N. Röller (Hrsg.), Absolute Vilém Flusser (S. 156–165). Freiburg: Orange-Press.
Flusser, V. (2004). Vom Subjekt zum Projekt: Menschwerdung. Frankfurt am Main: Fischer Taschenbuch.
Flusser, V. (2007). Kommunikologie (4. Aufl.). Frankfurt am Main: Fischer Taschenbuch.
Flusser, V. (2008). Kommunikologie weiter denken: Die Bochumer Vorlesungen. Frankfurt am Main: Fischer Taschenbuch.
Foucault, M. (1977). Überwachen und Strafen: Die Geburt des Gefängnisses. Frankfurt am Main: Suhrkamp.
Foucault, M. (1992). Was ist Kritik?. Berlin: Merve.
Foucault, M. (2003). Die Ordnung der Dinge: Eine Archäologie der Humanwissenschaften (30. Aufl.). Frankfurt am Main: Suhrkamp.
Funken, C. (2010). Der Hacker. In S. Moebius & M. Schroer (Hrsg.), Diven, Hacker, Spekulanten. Sozialfiguren der Gegenwart (S. 190–205). Berlin: Suhrkamp.
Guldin, R. (2009). Bilder von Texten: Zur terminologischen Genealogie von Vilém Flussers Technobild. In O. Fahle (Hrsg.), Technobilder und Kommunikologie. Die Medientheorie Vilém Flussers (S. 141–160). Berlin: Parerga.
Heidegger, M. (1979). *Sein und Zeit* (15. Aufl.). Tübingen: Niemeyer.
Kant, I. (2005). Beantwortung der Frage: Was ist Aufklärung? In W. Weisschedel (Hrsg.), Immanuel Kant. Werke in sechs Bänden (6. Aufl.) (S. A481–A494)
Krückel, F. (2015). Bildung als Projekt. Eine Studie im Anschluss an Vilém Flusser. Wiesbaden: Springer.
Liebl, F., Düllo, T., & Kiel, M. (2005). Before and After Situationism – Before and After Cultural Studies: The Secret History of Cultural Hacking. In T. Düllo & F. Liebl (Hrsg.), Cultural hacking. Kunst des strategischen Handelns (S. 13–46). Wien: Springer.
Meckel, M. (2013). Wir verschwinden: Der Mensch im digitalen Zeitalter. Intelligent leben: Bd. 3. Zürich: Kein & Aber.
Michael, J. (2009). Vilém Flussers Kommunikologie: Medientheorie ohne Medien? In O. Fahle (Hrsg.), Technobilder und Kommunikologie. Die Medientheorie Vilém Flussers (S. 23–38). Berlin: Parerga.
Osten, M. (2004). Das geraubte Gedächtnis: Digitale Systeme und die Zerstörung der Erinnerungskultur. Frankfurt am Main: Insel.
Rancière, J. (2014). *Das Unvernehmen: Politik und Philosophie* (5. Aufl.). Suhrkamp Taschenbuch Wissenschaft: Bd. 1588. Frankfurt am Main: Suhrkamp.

Seemann, M. (2015). *Was ist eine Plattform: Ein Neuanfang*. http://www.ctrl-verlust.net/was-ist-eine-plattform-ein-neuanfang/.

Sesink, W. (2008). Neue Medien. In F. v. Gross, K.-U. Hugger & U. Sander (Hrsg.), Handbuch Medienpädagogik (S. 407–414). Wiesbaden: VS.

Sprenger, F., & Engemann, C. (2015). Im Netz der Dinge: Zur Einleitung. In C. Engemann & F. Sprenger (Hrsg.), Internet der Dinge. Über smarte Objekte, intelligente Umgebungen und die technische Durchdringung der Welt (Digitale Gesellschaft, S. 7–58). Bielefeld: Transcript.

Welsch, W. (2008). Unsere postmoderne Moderne (7. Aufl.). Berlin: Akademie.

Wiesing, L. (2001). Verstärker der Imagination: Über Verwendungsweisen von Bildern. In G. Jäger (Hrsg.), Fotografie denken. Über Vilem Flusser's Philosophie der Medienmoderne (S. 183–202). Bielefeld: Kerber.

Wiesing, L. (2005). Bildwissenschaft und Bildbegriff. In L. Wiesing (Hrsg.), Artifizielle Präsenz. Studien zur Philosophie des Bildes (Suhrkamp-Taschenbuch Wissenschaft, S. 9–16). Frankfurt am Main: Suhrkamp.

Zielinski, S. (2010). Entwerfen und Entbergen: Aspekte einer Genealogie der Projektion. Köln: König.

Machtstrukturen im Kontext von Überwachung im Internet und deren Relevanz für die Pädagogik

Estella Hebert

> *„So surveillance works at a distance in both space and time, circulating fluidly, but beyond, nation-states in a globalized realm." (Bauman und Lyon 2012, S. 5)*

An dem Zitat von David Lyon und Zygmunt Bauman erkennt man zwei wichtige Punkte in Zusammenhang mit dem Thema der (digitalen) Überwachung: Zum einen zeigt das Zitat die Reichweite der Überwachung in einer globalisierten und digitalisierten Welt auf, zum anderen verdeutlicht es die Komplexität des Themas, das von vielen unterschiedlichen Faktoren bestimmt wird. Obwohl Fragen von Überwachung schon seit langer Zeit in verschiedenen Diskursen zu finden sind, ist die Relevanz des Themas durch die Veröffentlichungen von Edward Snowden und anderen Journalisten stark angestiegen. Mit der Veröffentlichung von Glenn Greenwalds Artikel „NSA collecting phone records of millions of Verizon customers daily" im *Guardian* im Juni 2013 (Greenwald 2013) konnten sich Debatten und Auseinandersetzungen mit Themen wie unter anderem Überwachung, Kontrolle, Datenschutz und Freiheit nicht nur im alltäglichen Diskurs, aber auch in verschiedenen Fachdisziplinen wiederfinden. Während sich Organisationen und Aktivisten wie WikiLeaks, der Chaos Computer Club oder Anonymous schon länger mit dem Thema auseinandersetzen, hat der NSA-Skandal dazu geführt, dass das Thema der digitalen Überwachung auch in größeren Teilen der Gesellschaft diskutiert wird und auch mehr als zwei Jahre später kommen ständig neue Informationen an die Öffentlichkeit, was die immer noch andauernde Brisanz des Themas verdeutlicht (Spiegel Online 2016). Seitdem Themen wie Datenschutz, Kontrolle und Überwachung an gesellschaftlicher Relevanz gewonnen haben, können auch mehr Möglichkeiten eines kritischen Umgangs damit gefunden werden. So gibt es zum Beispiel Argumente aus einer juristischen Sicht, die eine bessere gesetzliche Basis fordern, durch die die Rechte von Nutzern in Bezug auf Datenschutz im Internet zunächst definiert und gestärkt werden sollen. Auch von Seiten der Informatik wird nicht nur die Frage nach einer technischen Umsetzung von Datenschutz diskutiert, sondern auch gezielt versucht, das Bewusstsein für technische Lösungen zur Verhinderung von Überwachung zu fördern. Daneben gibt es auch eine Vielzahl an kulturellen und künstlerischen Beiträgen, die sich kritisch mit dem Thema der Überwachung auseinandersetzen (vgl. Mann et al. 2003). Die Bandbreite der Beiträge und Umgangsmöglichkeiten verdeutlicht die erhöhte Relevanz von Datenschutz und digitaler Überwachung durch sowohl Politik als auch Wirtschaft.

Im Folgenden soll nun gezeigt werden, welche Relevanz das Thema auch speziell für die Erziehungswissenschaften aufweisen kann und inwiefern eine kritische Auseinandersetzung daher wichtig ist. Dafür wird im ersten Teil erklärt, wie genau Überwachung im Kontext des Artikels definiert wird, welche Machtstrukturen der digitalen Überwachung zu Grunde liegen und was für Folgen die Überwachung für die Gesellschaft haben kann, indem einige relevante Beispiele aufgeführt werden. Im zweiten Teil wird der explizite Bezug des Themas zur Pädagogik hergeleitet im Hinblick auf drei grundlegende Themen der Pädagogik, bevor ein abschließendes Fazit gezogen wird.

1 'The exploiter never tells the exploited how he is exploiting them.' (Jean-Luc Godard)

Strukturen und Macht im Kontext von Datenaufzeichnung und Überwachung im Internet

Wie schon zuvor beschrieben, werden Fragen nach Datenschutz und Überwachung schon seit langer Zeit diskutiert, kritisiert und analysiert (vgl. Warren und Brandeis 1890). Jedoch kann man davon ausgehen, dass sich mit den Möglichkeiten der digitalen Überwachung, die Voraussetzungen geändert haben und daher auch der Diskurs und die Diskussion zu diesem Thema neue Aspekte in Betracht ziehen müssen. So zum Beispiel ist die Vielzahl an gesammelten Daten und davon betroffenen Lebensbereichen allein in ihrer Datenmenge nicht ansatzweise mit der Menge von Datensätzen in einer nicht digitalen Welt zu vergleichen. Obwohl es durch den dauernden Zuwachs schwierig ist das Datenvolumen festzustellen, wird vermutet, dass 90% der Daten, die es heute gibt, in den letzten Jahren entstanden sind (vgl. Wall 2014). Der Computer Firma IBM zu Folge sind im Jahr 2012 jeden Tag 2,5 Milliarden Gigabytes generiert worden. Diese Daten sind häufig unstrukturiert und entstehen durch jegliche digitale Interaktion, wie zum Beispiel E-Mail, Online-Shopping, Text Nachrichten, Tweets, Facebook Updates oder YouTube-Videos (ebd.). Die Zahlen, als auch die Interaktionen bei denen die Daten entstehen, verdeutlichen zum einen die Lebensbereiche in denen Daten von Nutzern gesammelt werden, als auch das Ausmaß zu dem dies stattfindet. Außerdem wirft es die Frage nach Konsequenzen, Rechten, Sicherheit und Umgang mit den gesammelten Daten auf: Wer sammelt überhaupt Daten, welche Daten werden gesammelt und was wird mit den Daten gemacht?

Zu Beginn des Diskurses zur „digitalen Überwachung" lassen sich häufig Vergleiche zu George Orwells Roman *1984* und Bezüge auf Jeremy Benthams Konzept des Panopticon finden. Bentham entwickelt in seinen Schriften das Konzept eines „Inspektions-Hauses", einer Konstruktion, die zirkulär angelegt ist und in der Mitte Raum für den „Inspekteur" und darum Zellen für die *Gefangenen* bietet, und die es dadurch ermöglichen soll Menschen unter Beobachtung zu halten besonders in Strafvollzugsanstalten, Gefängnissen, Industriehäusern, Arbeitshäusern, Armenhäusern, Fabriken, psychiatrischen Anstalten, Lazaretten, Krankenhäusern und Schulen (vgl. Bentham 1995), um etwa die „Unverbesserlichen zu bestrafen, die Verrückten zu bewachen, die Bösen zu reformieren, die Verdächtigen einzusperren, die Faulen zu beschäftigen, die Armen zu unterstützen, die Kranken zu heilen, die Willigen zu instruieren oder die aufsteigenden Generationen zu trainieren, wie es der Bildungsweg verlangt"(übersetzt von Bentham 1995, S. 34). Bentham geht davon aus, je länger eine Person unter Überwachung stehe, desto „perfekter" würde das Ziel der jeweiligen Einrichtung erreicht werden. Das Wesentliche hierbei besteht demzufolge in der Zentralität der Position des Inspekteurs in Verbindung mit der effektiven Erfindung des Prinzips: Sehen ohne gesehen zu werden. Das von Bentham entworfene Panopticon ermöglicht es somit, dass ein Einzelner oder eine kleine Gruppe mit der Fähigkeit ausgestattet wird, eine Vielzahl an Personen in einer Institution und Einrichtung zu überwachen und diese dadurch zu einem gewünschten Verhalten zu disziplinieren.

Dies ist auch in Orwells Klassiker *1984*, ein häufig zitiertes Buch in Bezug zu Themen der Überwachung, der Fall (Orwell 2008). Die Bürger werden in dem dystopischen Roman durch die Überwachung des Staates, mit seinem allumfassenden Wissen des *Big Brother*, zu einem durch den Staat bestimmten Verhalten erzogen und bei Widerstand bestraft. Solche Disziplinierungsmaßnahmen hat Foucault in Strafen und Überwachen wie folgt analysiert: Die Disziplin würde Individuen „verfertigen", indem sie diese sowohl als Objekte als auch als Instrumente einsetzt ohne dabei triumphierend an die eigene Überlegenheit zu glauben sondern als „sparsam kalkulierte, aber beständige Ökonomie" funktionierend, winzig und unscheinbar, doch sich langsam in die großen Formen einschleichend um dabei ihre Mechanismen umzugestalten und ihnen ihre eigenen Prozeduren aufzuzwingen (vgl. Foucault 1994, S. 220). Dabei würde die Disziplin nicht einheitlich und massenweise unterwerfen, sondern trennen, analysieren, differenzieren bis in die notwendigen Einzelheiten einer Vielfalt an individuellen aber kombinierbaren und ökonomisierbaren Körpern hin (ebd.). Die Definition von Foucault verdeutlicht die Art und Weise mit welcher das Verhalten der Einzelnen diszipliniert werden soll und eröffnet die Frage nach Machtverhältnissen in denen ein Subjekt sich verortet und in Abhängigkeit derer sich das Subjekt in der Unterwerfung dieser Herrschaftsverhältnisse selbst konstituiert (Foucault 2007). Aus erziehungswissenschaftlicher Sicht ist die Frage nach Subjektivierung die damit einhergeht besonders relevant und wird im nächsten Abschnitt noch einmal beleuchtet. Was Foucault dabei darstellt, ist keine all-umfassende Macht des Disziplinierenden, die jeden Einzelnen auf dieselbe Art und Weise behandelt, sondern eine Art und Weise von Disziplin und Macht, die unauffälliger und komplizierter ist als das. Es ist interessant festzustellen, wie sehr sich das was Foucault hier beschreibt, obwohl er dies durchaus in Bezug auf Benthams Panopticon geschrieben hat, auch auf die gegenwärtige Situation von digitaler Überwachung anwenden lassen kann. So wird im Diskurs zu digitaler Überwachung gegenwärtig von einem panoptischen Ansatz häufig Abstand genommen bedingt durch die politischen und ökonomischen Strukturen, die sich im Internet finden lassen und daraufhin deuten, dass die Situation vielschichtiger und komplizierter ist, als das Panopticon es darzustellen vermag. Während die panoptische Welt durch einen all-überwachenden *Big Brother* konstituiert ist, wird in post-panoptischen Ansätzen deutlich, dass es keine alleinige, allumfassende und disziplinierende Kraft mehr gibt, sondern dass sich die Überwachung auf viele verschiedene Organe aufgeteilt hat, um, wie Foucault es beschreibt, die Vielfalt an Einzelnen nicht massenweise zu unterwerfen sondern zu trennen, analysieren und differenzieren. So argumentiert zum Beispiel Mathiesen (1997), dass die Gesellschaft von einer panoptischen in eine synoptische Gesellschaft übergegangen ist und Bauman schließt daraus, dass es heute konträrer Weise die Massen seien, die den Einzelnen beobachteten.

> „Das Spektakel ersetzt die Überwachung, ohne dabei die disziplinierende Kraft zu verlieren, die jene besaß. Folgsamkeit gegenüber vorgegebenen Standards wird heute eher durch Verlockung und Verführung als durch Zwang erreicht – und das Ganze erscheint im Gewand des freien Willens […]" (Bauman 2003, S. 104).

Dass dies im Zusammenhang mit Überwachung in der heutigen Welt eine große Rolle spielt, lässt sich durch die politischen und ökonomischen Strukturen der Gesellschaft belegen. Es verdeutlicht jedoch auch, dass es zu hinterfragen gilt, ob der Begriff der Überwachung in diesem Kontext überhaupt seine richtige Verwendung findet oder ob die Strukturen der modernen Datenspeicherung weit über den eigentlichen Sinn von Überwachung hinausgehen. Im Zusammenhang des Diskurses zu politischer und staatlicher Überwachung, wie er zum Beispiel besonders durch die Surveillance Studies um David Lyon in Canada stattfindet und wie er auch durch den NSA-Skandal weit diskutiert wurde, liegt der Fokus darauf, inwieweit der Staat Daten seiner Bürger als auch der Bürger anderer Staaten sammelt, auswertet und nutzt (vgl. Lyon 2007). In diesem Sinne ist der Begriff der Überwachung von Lyon definiert als fokussiert, systematisch und routiniert, mit einem Schwerpunkt auf persönliche Details um Einfluss, Management, Sicherheit oder Richtungsweisung zu erreichen. Da Überwachung ihren Fokus letztendlich auf Individuen richtet, sei sie fokussiert. Die Aufmerksamkeit auf die persönlichen Details sei nicht spontan, zufällig oder singulär, sondern gezielt und abhängig von bestimmten Protokollen und Techniken. Und schließlich, da sie ein „normaler" Teil des alltäglichen Lebens in allen Gesellschaften ist, die auf Bürokratie und Informationstechnologien aufgebaut sind, sei sie routiniert (vgl. Lyon 2007, S. 14). Hier zeichnet sich deutlich der Unterschied zu dem ab, was man als staatliche Überwachung beschreiben könnte und dem, was eher als eine Art ökonomische Datenaufzeichnung und -auswertung beschrieben werden sollte. Dass dies in vielen Fällen, wie auch der NSA-Skandal gezeigt hat, nicht klar zu trennen ist, sei an dieser Stelle jedoch auch betont.

Obwohl Regierungen versuchen, Zugriff auf verschiedene Daten zu erhalten und zu sammeln, sind es vor allem Firmen, die an vielen Orten mittlerweile die Führung übernommen haben darin die Aktionen und Hintergründe von großen Teilen der Bevölkerung auf einer „virtuellen Minutenbasis heimlich aufzuschneiden und aufzustückeln" (Turow 2011, S. 2). Hierbei sammeln Firmen Daten bei jeglicher digitaler Interaktion von Nutzern, auf die sie zugreifen können, um aus diesen Datenprofile und Personalisierungen zu erstellen. Was, den Firmen zufolge, vorwiegend für Marketing und Marktforschungszwecke zum Vorteil der Kunden genutzt wird, bringt jedoch auch einige Probleme mit sich, die es zu hinterfragen und kritisieren gilt. Durch die häufig nicht-transparenten Prozesse des Erstellens von Datenprofilen und Kategorisierens bleibt es oft schwierig bis unmöglich die längerfristigen Folgen und Benachteiligungen wahrzunehmen und deutlich zu machen. Neben Fragen von sozialer Benachteiligung, ist es aber auch wichtig auf die ökonomischen Veränderungen hinzuweisen, die im Zusammenhang mit der Aufzeichnung von Daten und der damit einhergehenden ökonomischen Macht stehen. Dies wird besonders deutlich durch die dominierende Position von global agierenden Firmen wie Google, Facebook oder Amazon, die zusammen mit Apple einen Unternehmenswert darstellen, der mit 762 Mrd. Euro fast so groß ist wie der Wert der gesamten 30 DAX-Konzerne mit 784 Mrd. Euro (Kaumanns und Siegenheim 2012). Wenn man sich die Geschäftsmodelle dieser Unternehmen genauer anschaut, wird schnell deutlich, wie dies auch mit Fragen von Privatheit, ökonomischer Macht und sozialer Ungleichheit zusammenhängt. So wird bei Facebook besonders deutlich, in wie fern ein für Kommunikation und Interaktion viel genutztes Portal für den Nutzer zumindest aus einer monetären Perspektive umsonst ist. Dass ein Unternehmen mit dem Umsatz von Facebook jedoch Einnahmequellen benötigt und diese auch erfolgreich erschlossen hat, bleibt hierbei häufig unbeachtet. Dies deutet auf die komplizierte Geschäftsstruktur hin, bei der zu hinterfragen bleibt, wer im Endeffekt als *Kunde* von Facebook definiert werden kann und nach welchem Einfluss sich daher die Prozesse und Strukturen bei Facebook richten. Dass Geld in solchen Strukturen eine einflussreiche Rolle spielt, wird auch durch das Beispiel von Netflix belegt, die in den Vereinigten Staaten von Amerika den großen Internetanbietern dafür Geld zahlen, dass die eigenen Daten schneller übermittelt werden, sodass die Kunden ihre Filme und Serien schneller und ohne Probleme streamen können und infolgedessen ist die Netzneutralität nicht mehr gewährleistet. Netflix hat so im Vergleich zu anderen Streamingdiensten und online agierenden Firmen einen Marktvorteil aufgrund der finanziellen Möglichkeiten (vgl. Kühl 2014). Die Relevanz dieser Priorisierungsstrukturen wird von Iske und Verständig als „zero-level-digital divide" definiert und setzt die Frage von Netzneutralität in Bezug zu Themen der sozialen Spaltung und Ungleichheit (Iske und Verständig 2014). Abgesehen von Finanzierungsmöglichkeiten, auch wenn häufig gegenseitig voneinander abhängig, spielt auch der Marktanteil eine große Rolle, wie die Beispiele von Amazon und Google belegen. So hat Google einen Marktanteil von 91,2% in 2014 und 94,84% in 2015 im Bereich von Suchmaschinen in Deutschland (Statista 2016). Dass Google, dadurch, dass es einen Einfluss auf die Ranglisten der Ergebnisse hat, auch Einfluss auf viele andere Geschäftsbereiche hat, wird in der Auseinandersetzung zwischen Eric Schmidt und Mathias Döpfner in der Frankfurter Allgemeinen Zeitung deutlich (Schmidt 2014; Döpfner 2014). So legt Mathias Döpfner in seinem offenen Brief an Google Chairman Eric Schmidt „Warum wir Google fürchten" dar, dass viele Firmen nicht mehr die Möglichkeit hätten, ohne Google zu arbeiten und auf Google angewiesen seien (vgl. Döpfner 2014). Im Anschluss daran beschreibt Shoshana Zuboff, in ihrer Antwort auf Mathias Döpfner unter dem Titel „Die Google Gefahr" Google, durch die bei den Gründern liegende Mehrheit der Stammaktien, als keinen Einschränkungen unterliegend und dadurch als absolut, im Sinne eines Systems, in dem „die herrschende Macht keiner geregelten Kontrolle durch irgendeine andere Instanz unterworfen ist". (Zuboff 2014). In ihrem Artikel Big Other definiert Zuboff daher, auf Google Bezug nehmend, das Konzept des Big Other im Gegensatz zum schon erwähnten zentralisierten panoptischen Konzept des Big Brothers wie folgt:

> „It is a ubiquitous networked institutional regime that records, modifies, and commodifies everyday experience from toasters to bodies, communication to thought, all with a view on establishing new pathways to monetization and profit. Big Other is the sovereign power of a near future that annihilates the freedom achieved by the rule of law. It is a new regime of independent and independently controlled facts that supplants the need for contracts, governance, and the dynamism of a market democracy. Big Other is the 21st-century incarnation of the electronic text that aspires to encompass and reveal the comprehensive immanent facts of market, social, physical, and biological behaviors." (Zuboff 2015, S. 81f.)

Zuboff verdeutlicht hier, dass die ökonomischen Strukturen und die Formen von Datenaufzeichnung, die es in der heutigen Marktwirtschaft gibt, auch soziale und gesellschaftliche Folgen mit sich bringen können. Welche sozialen Folgen dies längerfristig genau sein werden, bleibt an dieser Stelle offen, jedoch stellen die Strukturen und Machtverhältnisse auch aus erziehungswissenschaftlicher Sicht eine Herausforderung und einen Handlungsbedarf dar, die im nächsten Abschnitt genauer beschrieben werden.

2 'Mirrors should reflect before sending the image.' (Jean-Luc Godard)

Relevanz für die Erziehungswissenschaft und Medienpädagogik

Dass in den beschriebenen Strukturen und Praktiken der Datenaufzeichnung und Datenauswertung Tendenzen zu sehen sind, die kritische Fragen nach sich ziehen, wurde in der Beschreibung des Kontextes deutlich. Die Relevanz die diese Strukturen auch für eine erziehungswissenschaftliche und medienpädagogische Perspektive darstellen, lässt sich besonders durch den Bezug zu drei grundlegenden Themen verdeutlichen.

Zum einen schließt das Thema an Fragen von sozialer Ungleichheit und den damit einhergehenden Partizipationschancen an. Der Zugang zum Internet und den dadurch gegebenen Möglichkeiten um Informationen zu erhalten und zu teilen gilt als eine wichtige Voraussetzung um sich am sozialen Leben erfolgreich beteiligen zu können. So gaben bei einer Umfrage der BBC im Jahr 2010 79 % der Befragten aus 26 Ländern an, dass sie den Zugang zum Internet für ein wichtiges Menschenrecht halten würden (vgl. Zuboff 2014). Viele Nutzer sind zum Instandhalten und Herstellen von Kontakten, zum Recherchieren, zum Lernen oder zur Kommunikation auf Firmen wie Google, Facebook oder Amazon angewiesen. Dass das Internet hierbei sowohl Chancen und Raum für Partizipation und Kreativität bieten kann, widerspricht in diesem Fall nicht der Tatsache, dass die Strukturen, in denen diese Prozesse stattfinden, häufig von sozialer Ungleichheit geprägt sind. So argumentiert Turow, dass die Unterteilung von Menschen in *targets*, diejenigen an die sich Marketing richten soll, und *waste*, jene die nicht als Zielgruppe definiert werden, als auch die Tatsache, dass Worte wie *anonym* oder *persönlich* im Zusammenhang mit Daten ungenau benutzt und daher von ihrem ursprünglichem Sinn entfremdet werden, schwerwiegende soziale Ungleichheiten und Probleme in Bezug auf Privatheit reflektieren (vgl. Turow 2011, S. 7). Werbung, Reduzierungen und sogar Informationen und Nachrichten würden auf der Basis von gesammelten Daten häufig personalisiert und gefiltert, ohne dass dabei verständlich ist, anhand welcher Mechanismen die Personalisierungen genau entstehen oder ohne dass der Vorgang des Filterns überhaupt wahrgenommen wird. Wenn viele Nutzer auch froh darüber sein mögen, personalisierte Werbung, Rabatte oder Informationen zu erhalten, könnten dadurch jedoch auch Formen von Ungleichheiten und sozialen Spannungen entstehen. Turow geht außerdem davon aus, dass Nutzer, wenn sie das, was ihnen als personalisierte Informationen widergespiegelt wird, reflektieren, so ließe es Schlüsse auf ihre Position innerhalb der Gesellschaft zu. Dies leitet zu dem zweiten grundlegenden Thema über, das von wesentlicher Relevanz für die Erziehungswissenschaften ist: die Frage nach Selbstreflektion und Identität.

Davon ausgehend, dass Nutzer etwas über sich selbst und ihre Position innerhalb der Gesellschaft durch die Art an Werbung und Informationen, die sie erhalten, widergespiegelt bekommen, so könnte auch argumentiert werden, dass dies Einfluss auf ihr Selbstbild haben kann. Dass Fragen nach individueller Identität und ökonomischen Gewinn immer wieder verschmelzen, ist durch die modernen Strukturen kaum zu vermeiden. Ferguson beschreibt „Konsum mit Selbstdarstellung, mit Vorstellungen über Geschmack und Distinktion" (Ferguson 1996, S. 205) und Bauman kritisiert, dass hierbei das Massenprodukt zur Darstellung der individuellen Identität genutzt würde, Einzigartigkeit würde durch käufliche Kommoditäten fälschlicherweise erzeugt und aufgezwungen (Bauman 2003). Obwohl diese Kritik auch vor der Einführung des Internets zu finden ist, so lässt sie sich durch die zuvor beschriebenen Strukturen und Machtverhältnisse, der Datenaufzeichnung und Datenauswertung und den damit verbundenen personalisierten Marketingmöglichkeiten intensivieren. Die in sozialen Netzwerken dargestellten Subjektivitäten, die Verhaltensmuster beim Einkaufen oder Anschauen von Serien, die Suchanfragen, die auf reale Interessen oder Probleme zurückführen können, können auf der einen Seite als Ausrücke von Identitäten und Subjektivitäten gesehen werden (vgl. Bortree 2005; Livingstone 2008). Auf der anderen Seite sind sie nicht mehr als eine Sammlung von Bits (vgl. Zuboff 2015), die den individuellen Kontexten häufig nicht genug Beachtung schenken und den Nutzer in „Informationsobjekte" objektiviert (vgl. Mitrou et al. 2014), um einen monetären Gewinn zu erzielen. Innerhalb dieser Dialektik dürfen die realen Kontexte und Subjektivitäten jedoch nicht vergessen werden. Dass die Klassifizierungen und Kategorisierungen durch auf Daten basierten Inhalten auch Ungleichheiten oder Anlässe zu Selbstreflexion, sowohl positiv als auch negativ, mit sich bringen können, wirft die Frage auf ob ein ethischer, kritischer und weniger ökonomischer Umgang mit den Daten notwendig wäre. Viele Firmen weisen eine soziale Verantwortung in Bezug auf den Umgang mit Daten aufgrund der Objektivität und Sachlichkeit der Daten zurück. So erzeugen Google Mitarbeiter wie Marissa Mayer oder Eric Schmidt häufig die Metapher eines Spiegels, der die objektive Realität nur widerspiegeln würde: „We are trying to build a virtual mirror of the world at all times" (Morozov 2014, S. 144). Laut Schmidt sei es falsch in den Spiegel zu schauen und zu versuchen, das Spiegelbild zu ändern, da im Spiegel immer nur eine Reflektion des Problems zu sehen sei (vgl. Morozov 2014). Doch genau diese Metapher ist aufgrund der angewandten Filterungsmechanismen und Algorithmen in diesem Sinne nicht richtig, da ein Spiegel keine Priorisierungen, Filterungen oder Personalisierungen vornimmt, bevor er die Realität widerspiegelt. Aus erziehungswissenschaftlicher Sicht bringt das, was den Nutzern in Bezug auf ihr Konsumverhalten, Suchverhalten oder ihre soziale Position widergespiegelt wird, auch wenn dies an vielen Stellen unreflektiert bleibt, interessante Fragen mit sich. Dabei bleiben zwei Gesichtspunkte offen: erstens inwieweit die beschriebenen Widerspiegelungen überhaupt reflektiert werden und zweitens welchen Einfluss es bewusst oder unbewusst auf das Selbstbild der Nutzer haben könnte.

Dies leitet schließlich zum dritten grundlegenden Thema über, das sowohl eine Relevanz für die Erziehungswissenschaften aufweist als auch im Kontext der aktuellen Strukturen des Internets. Das Thema der Selbst- und Fremdbestimmung kann im Kontext von Überwachung und Datenaufzeichnung aus verschiedenen Perspektiven betrachtet werden. Zum einen können die Spiegelmetaphern und die Zurückweisung der sozialen Verantwortung der Firmen implizit als eine Zuschreibung von „Agency" an die Technologie verstanden werden, die Menschen seien bloß „unbeteiligte Zuschauer", während die Technologie verantwortlich gemacht wird (vgl. Zuboff 2015). Doch Technologie ist kein autonomer Prozess. Sie ist weder gut, noch schlecht, noch neutral, so argumentieren boyd und Crawford, sondern würde erst durch die Interaktion mit der sozialen Umwelt soziale, menschliche und ökologische Konsequenzen herbeiführen, die weitreichender sind als die technischen Mittel an sich es sein können (boyd und Crawford 2012). In dieser Interaktion liegt auch die zweite Betrachtungsweise auf die Frage von Selbst- und Fremdbestimmung, welche sich auf die Nutzer selbst bezieht. Hogan beschreibt, dass es drei Funktionen gibt, die online von Computern ausgeführt werden: Filtern, Sortieren und Suchen (Hogan 2010). Das Filtern von digitalen Artefakten grenzt ein, welche angezeigt werden auf der Basis ihrer Qualität oder der Beziehung zum Nutzer. Zweitens werden Artefakte sortiert, häufig in Abhängigkeit nach bestimmten Parametern: So ist Kommunikation chronologisch, Produkte nach dem Preis sortiert, und kompliziertere Algorithmen machen es möglich, Objekte nach Relevanz zu sortieren. Das Suchen hingegen verbindet das Filtern und Sortieren in Abhängigkeit von Vorgaben des Nutzers. Das Filtern und Sortieren von Informationen und Artefakten passiert Hogan zufolge häufig unbemerkt, wie die Beispiele von News Feeds, RSS Readers oder Twitter Queues verdeutlichen können. Dass Informationen technisch kuratiert werden, wirkt sich auch auf die Informationserfahrung der Nutzer aus. Durch die Auswahl bestimmter Inhalte in Form von Sortierungen und Filterungen, sind die Informationsmöglichkeiten des Nutzers eingeschränkt, was durch die Personalisierung von Zeitungsbeiträgen verdeutlicht werden kann. Auch wenn Empfehlungssysteme und Personalisierungen Vorteile mit sich bringen können und vielen Nutzern das Leben *leichter* machen, bleibt die Frage in wie fern man durch die gefilterten und sortierten Informationen und Artefakte beeinflusst und teilweise fremdbestimmt wird. Zuboff kritisiert, dass der „informationelle Kapitalismus" darauf ausgelegt sei, das menschliche Verhalten vorherzusagen und zu modifizieren (vgl. Zuboff 2015, S. 75). Macht wird ihr zufolge nicht mehr durch den Besitz der Produktionsmittel deutlich, sondern durch die Macht über die Mittel zur Verhaltensveränderung. Während in der Aufklärung die Meinung vertreten wurde, dass Informationen emanzipieren, so sehen viele Kritiker der modernen Möglichkeiten zur Datenaufzeichnung die Menge an gesammelten Daten als bedenklich und prognostizieren an Stelle von Emanzipation durch Daten, den Rückgang von Selbstbestimmtheit der Menschen durch die beschriebenen Prozesse (vgl. Morozov 2014). Die Fragen, ob und wie die Klassifizierungen einen Einfluss auf das Verhalten der Menschen haben können, ob dies auf eine reflektierte und selbstbestimmte oder auf eine unbemerkte und fremdbestimmte Weise stattfindet und schließlich wie die Machtverhältnisse dabei verteilt sind, spielen daher auch für die Erziehungswissenschaften in Anlehnung an die theoretische Auseinandersetzung mit Fragen von Selbstbestimmtheit, Mündigkeit und Emanzipation eine wichtige Rolle.

3 Fazit

In Orwells 1984 scheinen die Verhältnisse und Strukturen eindeutig, es wirkt daher leicht festzustellen, wo die disziplinierende Macht im System ist, welche Ziele sie verfolgt und wie sie diese umzusetzen versucht. Auch geschichtlich waren Formen von Überwachung ganzer Bevölkerungen bislang meist politisch motiviert, staatlich ausgeführt und daher konnten ihre Systeme und Ziele leichter begriffen als auch bekämpft oder unterlaufen werden.

Es ist deutlich geworden, dass sich heutzutage viele dieser Strukturen vergrößert und verändert haben, neben dem Interesse von Staaten an den persönlichen Daten der Bürger sind nun auch Unternehmen fähig, große Datenmengen zu sammeln und daraus einen wirtschaftlichen Nutzen zu ziehen. Dass dies soziale und gesellschaftliche Veränderungen mit sich bringt, sowohl an Möglichkeiten als auch an Gefahren, wurde durch verschiedene Beispiele verdeutlicht. Die verschiedenen Akteure, Strukturen, Prozesse und Algorithmen, die sich gegenseitig beeinflussen, sorgen dafür, dass sich die ökonomischen Strukturen und die Machtverhältnisse im Internet verändert haben. Die Theoretisierung dieser Machtverhältnisse, von Benthams Panopticon hin zu Zuboffs Theorie des Big Other, können als theoretische Konstrukte helfen, die komplexen Dynamiken zu veranschaulichen und die sozialen und gesellschaftlichen Folgen der Überwachung vorzustellen und zu analysieren. Hierbei ist es aufgrund der unzureichenden Transparenz der Firmen und Staaten im Hinblick auf ihr Verhalten schwierig und teilweise nicht möglich, die genauen Machtverhältnisse, Algorithmen zur Datenauswertung und die daher bedingten Folgen für einzelne Nutzer oder Gesellschaftsgruppen zu verdeutlichen und zu kennen. Durch diese Wissenslücke ist die ökonomische Betrachtung hinsichtlich monetärer Ergebnisse und Optimierungsmöglichkeiten, die juristische Auseinandersetzung in Bezug zu rechtlichen Grundlagen des Datenschutzes und Verbraucherschutzes, die Einbeziehung eines technisch-informatischen Diskurses in Bezug zu Fragen von Code-Strukturen (vgl. hierzu auch den Beitrag Jörissen und Verständig in diesem Band) als auch eine soziologische Auseinandersetzung in Bezug zu gesamtgesellschaftlichen Strukturen und Veränderungen besonders wichtig. Doch auch die Auseinandersetzung mit dem Thema aus einer genuin pädagogischen Perspektive, die Fragen von Ungleichheiten, individuellen Subjektivierungsbezügen und Selbst- und Fremdbestimmung im Kontext der vorhandenen Strukturen aufnimmt und diskutiert, dadurch einen Beitrag zur Theoriebildung liefert und im Endeffekt über den Bezug zur Praxis durch Reflexionsangebote sowie Auseinandersetzungsmöglichkeiten in Bildungseinrichtungen dafür Sorge tragen kann, dass mögliche negative Folgen stärker reflektiert und dadurch selbstbestimmter verhandelt werden können, verdeutlicht die Wichtigkeit des Themas für die Pädagogik.

Literatur

Bauman, Z. (2003). *Flüchtige Moderne*, Frankfurt am Main: Suhrkamp.
Bauman, Z. & Lyon, D. (2012). *Liquid Surveillance: A conversation*. Hoboken: PCVS Polity.
Bentham, J. (1995). *The Panopticon Writings*. London: Verso.
Bortree, D. (2005). Presentation of Self on the Web: an ethnographic study of teenage girls' weblogs. Education, Communication & Information 5(1). London: Routledge. 25–39.
Boyd, D. & Crawford, C. (2012). Critical Questions for Big Data. Information, Communication and Society 15(5). 662–679.
Döpfner, M. (2014) *Warum wir Google fürchten – Offener Brief an Eric Schmidt*. Frankfurter Allgemeine Zeitung. http://www.faz.net/aktuell/feuilleton/medien/mathias-doepfner-warum-wir-google-fuerchten-12897463.html. Zugegriffen: 23.02.2016.
Ferguson, H. (1996) The Lure of Dreams: Sigmund Freud and the Construction of Modernity. London: Routledge
Foucault, M. (1994). Überwachen und Strafen. Frankfurt am Main: Suhrkamp.
Foucault, M. (2007). *Ästhetik der Existenz. Schriften zur Lebenskunst*. Frankfurt am Main: Suhrkamp.
Greenwald, G. (2013). NSA collecting phone records of millions of Verizon customers daily. *The Guardian Online*. http://www.theguardian.com/world/2013/jun/06/nsa-phone-records-verizon-court-order. Zugegriffen: 23.02.2016.
Hogan, B. (2010). The Presentation of Self in the Age of Social Media: Distinguishing Performances and Exhibitions Online. Bulletin of Science, Technology & Society 30(6). 1–10.
Iske, S. & Verständig, D. (2014). Medienpädagogik und die Digitale Gesellschaft im Spannungsfeld von Regulierung und Teilhabe. Medienimpulse – Beiträge zur Medienpädagogik (4).
Kaumanns, R. & Siegenheim, V. (2012). Apple. Google. Facebook. Amazon. Strategien und Geschäftsmodelle einfach auf den Punkt gebracht. *Digital Kompakt LfM (5)*. Düsseldorf: LfM
Kühl, E. (2014). Netflix zahlt nun auch Time Warner. *Zeit Online* http://blog.zeit.de/netzfilmblog/2014/08/21/netflix-peering-netzneutralitaet/ Zugegriffen: 03.03.2016.
Livingstone, S. (2008). Taking Risky Opportunities in youthful content creation: teenagers' use of social networking sites for intimacy, privacy and self-expression. New Media & Society 10(3). London: Sage Publications.
Lyon, D. (2007). *Surveillance Studies: An Overview*. Hoboken: John Wiley and Sons.
Mann, S.; Nolan, J. & Wellman, B. (2003). Sousveillance: Inventing and Using Wearable Computing Devices for Data Collection in Surveillance Environments. Surveillance & Society 1(3). 331–355.
Mathiesen, T. (1997). The Viewer Society: Michel Foucault's 'Panopticon' revisited. *Theoretical Criminology* 1 (2). 215–234.
Mitrou L., Kandias M., Stavrou V. & Gritzalis, D. (2014). *Social media profiling: A Panopticon or Omniopticon tool?* In Proc. of the 6th Conference of the Surveillance Studies Network, Spain: 2014.
Morozov, E. (2014). *To safe everything click here*. London: Penguin Books.
Orwell. G. (2008). *1984*, London: Penguin.

Schmidt, E. (2014). *Eric Schmidt über das Gute an Google: Die Chancen des Wachstums.* Frankfurter Allgemeine Zeitung. http://www.faz.net/aktuell/feuilleton/debatten/eric-schmidt-ueber-das-gute-an-google-die-chancen-des-wachstums-12887813.html. Zugegriffen: 23.02.2016

Spiegel Online (2016). NSA Überwachung – Alle Artikel und Hintergründe. http://www.spiegel.de/thema/nsa_ueberwachung/. Zugegriffen: 03.03.2016.

Statista (2016). Marktanteile führender Suchmaschinen in Deutschland im Februar 2015 (sowie Vorjahresvergleich). http://de.statista.com/statistik/daten/studie/167841/umfrage/marktanteile-ausgewaehlter-suchmaschinen-in-deutschland/. Zugegriffen: 03.03.2016.

Turow, J. (2011). *The Daily You*. New Haven & London: Yale University Press.

Wall, M. (2014). Big Data: Are you ready for blast-off? *BBC News*. http://www.bbc.com/news/business-26383058. Zugegriffen: 23.02.2016.

Warren, S. & Brandeis, L. (1890). The Right to Privacy. *Harvard Law Review* 4 (5), 193–220.

Zuboff, S. (2014). *Die Google Gefahr – Schürfrechte am Leben*. Frankfurter Allgemeine Zeitung. http://www.faz.net/aktuell/feuilleton/debatten/die-google-gefahr-zuboff-antwortet-doepfner-12916606.html. Zugegriffen: 23.02.2016.

Zuboff, S. (2015). Big Other: Surveillance Capitalism and the Prospects of an Information Civilization. *Journal of Information Technology* 30. 75–89.Bauman, Z. (2003). *Flüchtige Moderne*, Frankfurt am Main: Suhrkamp.

Illusion und Perfektion

Machttechnologien des Internet

Rüdiger Wild

Eine Kritik oder Reflexion der Macht des Internet ist heute vor allem geprägt von Fragen der Überwachung und der Kommerzialisierung, welche als strategische Machtbedingungen, als Machtdispositive im Sinne Michel Foucaults gedeutet werden können. Während Foucault die von ihm beschriebene Disziplinargesellschaft vor allem als eine Gesellschaft der Überwachung charakterisiert, so entsteht in Zeiten des Internet eine medial geprägte Gesellschaftsform, in der sowohl Praktiken der Überwachung als auch des Schauspiels koinzidieren. In diesem Beitrag sollen vor allem mögliche Machttechnologien der Sichtbarkeiten des Internet in den Blick genommen werden, welche nicht nur einem Überwachungsdispositiv entsprechen, sondern auch auf die Seite medialer Schauspiele verweisen. Im Anschluss an Foucaults Konzept der Heterotopien werden hierbei Illusion und Perfektion als strukturelle Machttechnologien des Sichtbaren identifiziert und beispielhaft anhand des Phänomens des Online-Dating aufgezeigt.

1 Überwachung und Schauspiel

In *Überwachen und Strafen* zeigt Foucault (1994), wie sich ab Mitte des 18. Jahrhunderts durch eine neuartige Ökonomie der Effizienz der Körper eine Disziplinarmacht entwickelt, welche den Individuen eine Sichtbarkeit aufzwingt, um deren Verhalten bis in kleinste Details zu strukturieren, zu konformisieren und darüber erwünschte Verhaltensweisen zu produzieren und durch Habitualisierung dauerhaft zu verankern. Als ein immer weitreichenderes und umfassenderes Netz von Praktiken gelingt es der Disziplinarmacht, neben der direkten Kontrolle des Körpers und der Verhaltensweisen des Individuums durch ein ausgeklügeltes System von Überwachungs- und Lokalisierungsstrukturen auch, über eine indirekte Kontrolle des Körpers schließlich eine individuelle Internalisierung der geforderten Disziplinierungsmaßnahmen und Normen zu gewährleisten.

Foucault charakterisiert die von ihm beschriebene Disziplinargesellschaft so vor allem als eine Gesellschaft der Überwachung, die er – auf den deutschen Strafrechtler N.H. Julius rekurrierend – der antiken Zivilgesellschaft, welche noch das Schauspiel gegenüber der Überwachung priorisierte, kontrastierend gegenüberstellt (vgl. Foucault 1994, S. 277ff.). Ging es in den Schauspielen der antiken Gesellschaft – etwa in den Amphitheatern und klassischen Zirkussen – darum, einer großen Menge den Anblick und die Anschauung Weniger zu ermöglichen, so zielt die Disziplinargesellschaft darauf, nur Wenigen die Übersicht über Viele zu gewähren, weil durch die Produktion von Individuen durch deren Sichtbarmachung auf der einen Seite und der im Verborgenen wirkenden Macht der Staatlichkeit auf der anderen Seite „die Beziehungen nur in einer Form geregelt werden [können], die dem Schauspiel genau entgegengesetzt ist." (ebd., S. 278)

Wie auch immer die Rolle privater Individuen und des Staates als mögliche Konstituenzien gegenwärtiger Informations- und Wissensgesellschaften bewertet werden mag, offensichtlich scheint doch zumindest, dass mit der rasanten Entwicklung des medialen Komplexes und der damit verbundenen Sichtbarkeiten, die heute fraglos als ein weiteres gesellschaftliches Hauptelement beziffert werden dürften, insbesondere das Schauspiel in die vielfältigen gesellschaftlichen Wechselbeziehungen zurückgekehrt ist. Das mediale Schauspiel, das sich ununterbrochen auf den uns allseits umgebenen Monitoren, Displays und Bildschirmen abspielt, bietet im Gegensatz zur antiken Vorstellung aber nicht mehr nur einen kleinen Ausschnitt, den Anblick nur Weniger in der Arena, sondern ermöglicht nun vielmehr einer großen Menge die Anschauung und die Übersicht über vermeintlich Alle(s). So scheint in Zeiten des Internet eine sich nicht nur im Medialen äußernde Gesellschaftsform zu entstehen, in der sowohl Praktiken der Überwachung als auch des Schauspiels koinzidieren. Die Überwachung gewinnt an Legitimation, weil sie zum Teil des Schauspiels und des Enter-, Info-, oder Edutainments wird, während gleichzeitig die medialen Verführungen kommerzialisierter Schauspiele oder neuer digitaler Möglichkeiten nicht selten unbemerkt bleibende oder unkritisch hingenommene subtile Möglichkeiten der Überwachung begründen (Big Data, Learning Analytics, Database Marketing).

Wenn von digitalen Machttechnologien die Rede ist, dann kommen häufig zunächst solche Möglichkeiten der Überwachung in den Sinn und werden z.B. vor dem Hintergrund panoptischer Modelle präzisiert (vgl. etwa Bauman und Lyon 2013, S. 70f.). Solche Modelle gehen zurück auf das Panoptikon, eine gegen Ende des 18. Jahrhunderts vom britischen Sozialreformer und Begründer des Utilitarismus, Jeremy Bentham, entworfene Gefängnis-Architektur, bei der die voneinander isolierten Zellen ringförmig um einen zentralen Wachturm angeordnet sind und durch jeweils zwei Fenster nach Außen und nach Innen zum Turm hin möglichst transparent sind, und die Gefangenen somit nahezu permanent vom Wachpersonal beobachtet werden können. Dieser Überwachungsapparat einer völligen Sichtbarkeit wurde von Foucault als für die Moderne paradigmatische Metapher der disziplinierenden Macht und ihrer Internalisierung erkannt (siehe Foucault 1994). Vor dem Hintergrund einer digitalen Mediengesellschaft und ihren Konsequenzen für das Individuum wird dieser Überwachungsentwurf zur Analyse von Machtstrukturen mittlerweile z.B. auch als elektronisches Panoptikum, als Superpanoptikum (Poster 1995) oder als Postpanoptikum (Bauman 2003) verhandelt.

Eine Macht des Internet – oder grundsätzlicher: eine mediale Macht – äußert sich aber nicht allein in einem wie auch immer gearteten Überwachungsdispositiv, sondern ist in allen medialen Ereignissen präsent:

> „Da Medien auf Intersubjektivität und Interaktion abzielen, da sie die Vermittlung von individuellen und generalisierten, von Selbst- und Fremdsichten, von Erwartungen, Normen, von sehr unterschiedlichen Möglichkeiten in Lebensformen artikulieren und (vermeintlich) abbilden oder orientieren, sind sie prinzipiell in allen Aktionen mit Macht verbunden. Denn es gehört zum Wesen der Macht – wie es Michel Foucault umfassend rekonstruierte – überall wie ein Dispositiv anwesend zu sein, wo gesellschaftliche mit individuellen Prozessen und Ereignissen vermittelt werden." (Reich et al. 2005, S. 172)

Medial vermittelte Sicht- wie auch die sie begleitenden Unsichtbarkeiten sind in diesem vielfältigen Gefüge von Machtrelationen darum nicht nur ausschließlich im Sinne von Überwachung zu deuten, sondern positionieren sich generell als mögliche Blickweisen auf das umfassende Feld medialer Macht. Betrachten wir demzufolge unsere mediale Gesellschaft nicht ausschließlich als eine von Überwachungsstrukturen geprägte Disziplinargesellschaft, sondern auch als eine des digitalen Schauspiels und Spektakels, welche die Überwachung ergänzen oder ersetzen, indem normative Standards statt durch Zwang nun durch Verlockung und Verführung erreicht werden sollen, dann werden andere Konfigurationen der Macht deutlich: Hier ist es nun der Mediennutzer selbst, der – anders als der Gefangene des ursprünglichen Panoptikons – alles sehen kann und soll, der jene Macht internalisiert, nicht durch die Möglichkeit eines permanenten Beobachtetwerdens, sondern vielmehr dadurch, nun selbst Sichtbares zu konsumieren und als ästhetische Vorgaben, Wahrnehmungsroutinen und -normen, konventionelle Interaktionen, eindeutige Sichtweisen usw. zu verinnerlichen. Unsichtbar für einen solchen Beobachter bleibt dann oftmals die Konstruktivität des Sichtbaren selbst, die kulturelle Codifizierung der Sichtbarkeit dessen, was Medien repräsentieren (medial Nicht-Darstellbares, eine Vielfalt von Handlungstypen, aber auch Effekte, Funktionen und Kenntnisse über die Produktion von Sichtbarkeiten).[1] Auf diese Weise steigert sich noch die *Anonymität der Macht*, die Foucault bereits für die Disziplinargesellschaft herausgestellt hat: Muss die panoptische Macht zwar uneinsehbar, dabei aber als Prinzip noch sichtbar sein, um überhaupt wirksam sein zu können (die Beobachteten müssen wissen, dass sie beobachtet werden können), so bleibt in der Mediengesellschaft die mediale Macht nicht nur ungenannt und unbekannt, sondern wird häufig gar nicht erst *erkannt*.

2 Illusion und Perfektion als Machttechnologien medialer Sichtbarkeiten[2]

Im Internet als Metamedium finden sich aber nicht nur kommerziell inszenierte Schauspiele, sondern es ermöglicht auch neue Freiheitsgrade für die User, welche noch nicht-normierte und konstruktive Blick- und Handlungsweisen zulassen und die Etablierung partizipatorisch und kritisch ausgerichteter Öffentlichkeiten erlauben. Hierzu aber werden Räume und Verfügungsmöglichkeiten benötigt, in und mit denen etablierte Machtformen unterlaufen werden können. In seinem Versuch, Möglichkeiten des Aufbrechens von Machtverhärtungen aufzuzeigen, hat sich der frühe Foucault selbst mit seinem Konzept der Heterotopien[3] auf die Suche nach solchen Räumen, nach den anderen Orten der Macht begeben. Räume sind für Foucault grundsätzlich keine dreidimensionalen Orte der Ausdehnung, die allein durch ihre Topographie zu beschreiben wären, sondern konstituieren sich durch ein vielfältiges Ensemble von Relationen, als ein Netzwerk und Machtgeflecht.

1 Siehe z.B. Ludes (2002, S. 142).

2 Vgl. hierzu ausführlich Wild (2016, Kap. 4.2).

3 Als Heterotopien beschreibt Foucault Räume bzw. Orte, die im Gegensatz zu gewöhnlichen gesellschaftlichen Räumen oder Platzierungen bestimmten vorgegebenen Normen nicht oder nur teilweise entsprechen, andere Regeln offenbaren oder gesellschaftliche Ordnungsverhältnisse reflektieren und umkehren. Es handelt sich demnach um Räume, in welchen sich die Verhältnisse im positiven wie im negativen Sinne als alternativ zu den bestehenden darstellen. Als Beispiele für Heterotopien nennt Foucault Gefängnisse, Anstalten, Kasernen, Kinos, Theater, Friedhöfe, Bibliotheken, Bordelle usw. Siehe hierzu vor allem Foucaults Aufsatz *Andere Räume* (1998).

Dem gängigen sozialen und machtausübenden Ensemble gegenüberstehen als andere mögliche Räume die Heterotopien, die mit den normierten gesellschaftlichen Räumen zwar in Verbindung stehen, diese aber gleichzeitig suspendieren, neutralisieren, umkehren und ihnen widersprechen (vgl. Foucault 1998, S. 38). Heterotopien setzen so die etablierten Machtverhältnisse außer Kraft, verschieben oder verändern diese, sie bilden andere Räume, aber sie sind dabei trotzdem auch

> „wirkliche Orte, wirksame Orte, die in die Einrichtung dieser Gesellschaft hineingezeichnet sind, sozusagen Gegenplatzierungen oder Widerlager, tatsächlich realisierte Utopien, in denen die wirklichen Plätze innerhalb der Kultur gleichzeitig repräsentiert, bestritten und gewendet sind, gewissermaßen Orte außerhalb aller Orte, wiewohl sie tatsächlich geortet werden können." (ebd., S. 39)

Neben den von Foucault beschriebenen Heterotopien lassen sich in unserer heutigen Mediengesellschaft auch bestimmte Nutzungsformen des Internet als exemplarische Heterotopien identifizieren: Gerade durch die Destabilisierung eindeutiger Lokalisationen und die Entkörperlichung im virtuellen Datenraum entstehen hier neue Möglichkeiten der Befreiung von disziplinarischen Zwängen oder von herkömmlichen Formen der Überwachung (vgl. Wunderlich 1999, S. 362f.).

Ohne Frage können Teile des Internet als heterotopische Orte begriffen werden: Hier trifft Heterogenes aufeinander, hier kann sich symbolisch auch das nichtnormalisierte Verhalten aktualisieren, hier repräsentieren sich die unüberschaubaren Archivierungen anderer Zeiten und Räume und setzen sich gleichsam über deren Grenzen hinweg, hier wird mit der herkömmlichen Zeit der Menschen und ihrer Chronologie gebrochen,[4] hier bietet sich ein Forum für das aus der gesellschaftlichen Ordnung Ausgeschlossene, für ein imaginäres Begehren und Wünschen, das sich ins Virtuelle als große *Wunsch- und Wirklichkeitsmaschine* (Sherry Turkle) verschiebt, hier gelten aber auch Regeln eines Systems des Zugangs, des Ein- und Ausschlusses, des Dazugehörigen und des Ausgeschlossenen (vgl. Foucault 1998, S. 44). Heterotopien als andere, als wirksame Orte sind daher keineswegs gänzlich machtfreie Räume, sondern begründen vielmehr neue, verschobene, andere Machtverhältnisse, andere Regeln, andere Konventionen, andere Praktiken. Heterotopien stehen auf diese Weise in einem Spannungsverhältnis zum sie umgebenen Raum, weil sie sich zum einen außerhalb dessen Ordnung positionieren und gleichzeitig doch lokalisierbar als bestimmte Orte innerhalb des gesellschaftlichen Raumes sind, weil sie „weder in einer klaren Oppositions- noch auch in einer Äquivalenz-

4 Zu möglichen Zeitstrukturierungen von Heterotopien siehe Foucault (1998, S. 43).

beziehung zum normalisierten Raum zu stehen scheinen." (Teuber 2001, S. 181). Welche Machttechnologien aber wirken hier?

Nach Foucault entfaltet sich die Funktion von Heterotopien, die sie gegenüber dem verbleibenden Raum einnehmen, zwischen zwei extremen Polen:

> „Entweder haben sie einen Illusionsraum zu schaffen... Oder man schafft einen anderen Raum, einen anderen wirklichen Raum, der so vollkommen, so sorgfältig, so wohlgeordnet ist wie der unsrige ungeordnet, missraten und wirr ist. Das wäre also nicht die Illusionsheterotopie, sondern die Kompensationsheterotopie" (Foucault 1998, S. 45).

Während Foucault noch Beispiele wie Bordelle und Kolonien bemüht, so lesen sich seine Erkenntnisse vor dem Hintergrund des Internet bereits als bemerkenswerte Vorwegnahme potenzieller Machtfunktionen medialer Sichtbarkeiten: In gewisser Weise nämlich entspricht der Cyberspace jener, laut Foucault überaus selten gewordenen Form der Heterotopien, „die ganz nach Öffnungen aussehen, jedoch zumeist sonderbare Ausschließungen bergen. Jeder kann diese heterotopischen Plätze betreten, aber in Wahrheit ist es nur eine Illusion: man glaubt einzutreten und ist damit ausgeschlossen." (Foucault 1998, S. 44) Genauso könnte auch das Internet als Heterotopie gelesen werden, deren Tür vermeintlich weit offensteht, offen für alle möglichen Identitätskonstruktionen, offen für unkomplizierte und ungezwungene Begegnungen, offen für direkte Kommunikation und grenzenlose Interaktion, aber dahinter verbirgt sich ein Raum des Illusionären. Diese Illusionen verhüllen, dass sich die weltweite Präsenz auf eine vornehmlich visuell beobachtete flüchtige Oberfläche reduziert, dass sich mögliche soziale Bindungen häufig im Unverbindlichen verlieren, weil sich der User nicht festlegen will oder seine artifizielle Identität enttarnt zu werden droht, oder dass sich sinnliche Begegnungen allein in einer unbestimmten Distanz realisieren, in der die Sinne aber weniger auf den Anderen als vielmehr auf die Projektionen des eigenen imaginierten Ichs gerichtet sind.

Damit aber wird der heterotopische Raum des Illusionären immer mehr auch zu einem Raum der Kompensation, in dem die perfekt simulierten Sichtbarkeiten als phantasmatische Projektionsfläche zur Erfüllung eigener Fantasien und Sehnsüchte fungieren, die sie aber längst nicht nur symbolisch an der Oberfläche bedienen, sondern über ein ästhetisch konventionalisiertes Design und warenfetischisierte Massenkompatibilität zu einem großen Teil überhaupt erst generieren und als erwünscht Vorzustellendes in der Simulation, der Fiktion und der Idealisierung im Virtuellen gleichschalten. Illusion und Kompensation stehen sich nicht länger gegenüber, sondern verschmelzen miteinander. Bereiche des Internet können so als Heterotopien betrachtet werden, deren kompensatorische und illusionäre Funktionen konvergieren, deren mögliche extreme Pole ihrer Funktion gegenüber dem gewöhnlichen Raum schließlich an einem einzigen Ort des Illusionären und des visuell Perfektionierten zusammenfallen.

Im Raum dieses Illusionären verschmelzen Fiktionen, Imaginationen, Simulationen, Wirklichkeiten zu medial symbolisierten und perfektionierten Sichtbarkeiten, die in ihrem verführenden Sog die Sicht auf ein mögliches Außen immer schwieriger machen: mediale Sichtbarkeiten tragen entscheidend dazu bei, Öffentlichkeiten und ihre kulturellen Räume zu definieren; gesellschaftliche und kulturelle Ereignisse haben zuvorderst dem Imperativ des Sichtbaren zu folgen, um überhaupt medial distribuiert und wahrgenommen werden zu können; Sichtbarkeiten aber verstärken nicht nur die Ereignisse, sondern generieren sie häufig erst. Ein Geschehen, von dem keine Sichtbarkeiten zeugen, hat dann für den Beobachter gar nicht erst stattgefunden. Diese Macht der Sichtbarkeiten und deren mediale Omnipräsenz, der Zusammenfall von Illusion und Kompensation durch Perfektion an einem einzigen, ins Virtuelle verschobenen Ort werfen die Frage auf, ob der virtuelle Raum des Sichtbaren für den Rezipienten eigentlich noch ein anderer Ort ist, oder ob er längst zum eigentlichen Ort, zum bestimmenden Raum geworden ist, einem verflüssigten und sich immer weiter ausdehnenden Raum, ob die andere, die heterotopische Macht sich nicht längst zur kulturell und gesellschaftlich dominierenden Machtformation entwickelt hat, ob die virtuelle Heterotopie nicht längst hegemoniale Formen angenommen hat? Das, was dem Beobachter hier nämlich als Sichtbares erscheint, ist in seinen Wirksamkeiten nicht mehr auf den einen, festgeschriebenen Ort zu begrenzen, es folgt nicht mehr der eindeutig abzugrenzenden Ordnung einer chronologischen Zeitkonstruktion oder einer linearen Kohärenz, nicht mehr der Logik eindeutiger Dichotomien von Symbolischem und Imaginärem, von Einbildungskraft und *Techno-Imagination* (Vilém Flusser), von Nähe und Ferne, von Wirklichkeit und deren vermeintlichen Abbildungen in den Medien als den auf eine Wirklichkeit bezogenen Orten usw. Im Bilderrausch des Virtuellen und des Simulierten entstehen in einer Explosion der Komplexität bildlicher Zeichen und medialer Hybridisierungen vielmehr rasend schnelle, immer neue Sichtbarkeiten, die den tradierten Wirklichkeitsbegriff umdeuten, überwinden und auslöschen.

> „Der Zeichen- und Bilderstatus vereint nun bis zur Ununterscheidbarkeit alles Symbolische mit Imagination, Einbildung und Vorstellung. Mit anderen Worten: Wirklichkeit findet heute live auf dem Bildschirm statt, die Stufen des je Wirklichen und des Simulierten verschmelzen zu einer ununterscheidbaren Einheit." (Reich et al. 2005, S. 189)

Exemplarisch für eine solche Amalgamierung von Symbolischem und Imaginärem im Sichtbaren soll im Folgenden das Phänomen des Online-Dating betrachtet werden. Online-Dating-Formate scheinen hier besonders geeignet, weil sie zum einen – so wie auch andere Settings in Partnersuchkontexten (Video-Dating, Speed-Dating u.ä.)[5] – als heterotopischer Ort gedeutet werden können, der sich bei der mediengestützten Partnersuche im Internet z.B. durch Delokalisierung, differente Praktiken, aufgehobene Chronologien oder Entkörperlichung auszeichnet. Darüber hinaus kann das Online-Dating zeigen, wie Illusion und Perfektion als strukturell wirkende Machttechnologien im Internet wirken, indem sie sich in die symbolischen Konstruktionen des Partnersuchenden (etwa in der medialen Repräsentation seiner Identität) und in seine Imaginationen (in seinem Bezug auf den anderen) einschleichen und diese mitbestimmen. Die folgenden Ausführungen sollen dies anhand ausgewählter Praktiken im Online-Dating verdeutlichen.

3 Illusion und Perfektion in Online-Dating-Portalen

Was vor wenigen Jahren für manchen noch den Beigeschmack des Anrüchigen oder Peinlichen hatte, ist heute gängige Praxis: Allein in Deutschland sind monatlich über 8 Millionen User auf diversen Online-Dating-Portalen aktiv.[6] Hierzu zählen Singlebörsen, die dem Nutzer die Suche weitgehend selbst überlassen, Online-Partnervermittlungen, die bereits eine Vorauswahl passender Partnerprofile präsentieren, diverse Nischenanbieter, die sich auf bestimmte heterogene Gruppen (z.B. Gläubige, Alte, Alleinerziehende) spezialisiert haben oder Adult-Dating-Seiten, die auf erotische Kontakte ausgerichtet sind (vgl. Skopek 2012, S. 32). Die im Folgenden beschriebenen Mechanismen der Partnersuche ähneln sich bei all diesen Formen des Online-Dating. Grundsätzlich bieten Partnersuchangebote im Internet die Möglichkeit, immer und überall, bequem und anonym einen riesigen Pool potenzieller Partnerinnen und Partner zu erreichen (vgl. Döring 2003, Skopek 2012), generieren dabei aber auch einen Raum unterschiedlicher Illusionen und demonstrieren den Versuch der Nutzer, Vollkommenheit und Perfektion etwa im Rahmen der eigenen Selbstrepräsentation oder der medial gestützten Kommunikation zumindest anzustreben.

5 Vgl. Skopek (2012).

6 Siehe z.B. http://www.singleboersen-vergleich.de/presse/online-dating-markt-2013-2014.pdf (Zugegriffen: 06.01.2016).

3.1 Illusion unendlicher Möglichkeiten

Vor allem Online-Partnervermittlungen, die explizit darauf ausgerichtet sind, dass eine Beziehungsmöglichkeit im Internet über eine Face-to-Face-Begegnung zur Beziehungswirklichkeit im Nicht-Medialen wird, können verdeutlichen, dass die Unendlichkeit aller Möglichkeiten der Wunscherfüllung im Netz sich schnell als Illusion entpuppen kann, wenn es dem gefundenen Anderen trotz vermeintlich perfekten Profils nicht gelingt, die Wünsche und Bedürfnisse des Suchenden auch in der nicht-medialen Wirklichkeit zu erfüllen. Zwar präsentieren sich im Internet in der Tat nahezu unbegrenzte Möglichkeiten vermeintlicher Liebesbeziehungen, aber gerade diese Unbegrenztheit ist es, die – so die mitunter provozierende These von Hillenkamp (2009) – zur Unmöglichkeit der eigentlichen Liebe, zu deren eigenem Verschwinden beiträgt, denn mit der unbegrenzten Wahlfreiheit ist die Illusion der permanenten Möglichkeit einer immer noch besseren Liebesbeziehung an deren Stelle getreten. Und um etwa mit der Realisierung einer der Möglichkeiten zu verhindern, dass nun endgültig alle weiteren Möglichkeiten als Alternative aufgegeben werden müssten, fühlt sich der beziehungssuchende User gefordert, immer wieder neu zu wählen, neue Möglichkeiten zu realisieren, Besseres, Perfekteres, das scheinbar Vollendete zu wählen, das aber gleichzeitig nie wirklich das Ende der Wahl bedeuten darf, das immer noch offen und unendlich, imperfekt und unvollendet genug bleiben muss, damit es den Suchenden in seinen weiteren Wahlmöglichkeiten nicht einschränkt, ihn nicht seiner Möglichkeiten beraubt, sondern ihm noch alle Freiheiten lässt, die als unendliche Freiheiten agiert werden wollen.

Mit Foucaults Konzept der Heterotopien lässt sich hier von einem Illusionsraum sprechen, der geprägt ist von einer Fülle potenzieller Partnerangebote, von der Illusion unendlicher Wahlfreiheit und der vermeintlich permanenten Möglichkeit neuer Wahlentscheidungen, die sich in einer nicht-medialen Umgebung in diesem Überfluss kaum wiederfinden lassen. Online-Dating als Illusionsraum denunziert auf diese Weise – so wie es Foucault für die Illusionsheterotopie konstatiert – den realen Raum als noch illusorischer, als die Heterotopie selbst (vgl. Foucault 1998, S. 45).

Ist das Ideal einer romantischen Liebe durch die Überschaubarkeit potenzieller Partner und die Exklusivität und Einzigartigkeit des Anderen gekennzeichnet, so zählt bei der Partnersuche im Internet demgegenüber die unüberschaubare Fülle, die Illusion einer unendlichen Wahlfreiheit und die sich daraus ergebende scheinbare Chance einer jederzeit möglichen optimierenden Auswechselbarkeit. Die illusionäre Fülle manifestiert sich durch die simultane Präsenz der Beziehungsoptionen, die nicht mehr unsicher, diffus, vereinzelt und in der persönlichen Erfahrungswelt gebunden an bestimmte realweltliche Orte und Zeiten erscheinen, sondern die sich im Virtuellen offen, eindeutig, massenhaft und gleichzeitig präsentieren. Die vermeintlich bedingungslose Wahlfreiheit und die als unendlich empfundenen Möglichkeiten der Wunscherfüllung entsprechen aber – dies kann die israelische Soziologin Eva Illouz (2011, 2007) sehr deutlich zeigen – einer Logik des Konsums und organisieren Begegnungen im Netz in ökonomischen Marktstrukturen.

Internet und Computer als Medien der virtuellen Partnersuche ermöglichen hierbei eine systematische und instrumentalisierte Rationalisierung und Kommensurabilität von Persönlichkeitsattributen, die schließlich zu einer

> „Mentalität des Vergleichs [führen], indem die Technologie Auswahlmöglichkeiten bereitstellt und Hilfsmittel (wie Wertungslisten) anbietet, um die relevanten Vorzüge jedes potentiellen Partners zu messen. Wenn potentielle Partner nach einem bestimmten Maß bewertet werden können, werden sie austauschbar und sind im Prinzip immer zu übertreffen. Damit wird es immer schwieriger, sich für eine Möglichkeit zu entscheiden, die ‚gut genug' ist." (Illouz 2011, S. 329)

Die konsumistische Logik treibt den Beziehungssuchenden so leicht in eine Optimierungsschleife: Zunehmende Spezifizierung und Präzisierung der eigenen Vorlieben führen im Verbund mit der unzähligen Menge an Angeboten zu einem berechnenden Akteur, der angeleitet wird von der Illusion des vermeintlich Perfekten und der Nutzenmaximierung. Beziehungsmöglichkeiten im Internet werden schnell zu Geschäften, zu ökonomisch geprägten Transaktionen, zu Optionen, deren Kosten und Nutzen immer wieder analysiert werden müssen.

3.2 Illusion des authentischen Selbst

Dem Online-Beziehungsmarkt vorgeschaltet ist in der Regel ein ausführlicher Fragebogen, dessen Ausfüllen zu einem sogenannten ‚eigenen Profil' führt. Ist das eigene Profil erstellt, so werden vom Partnersuchdienst andere Profile zum Kontakt vorgeschlagen, die eine möglichst hohe Übereinstimmung beim computergestützten Abgleich mit dem eigenen Profil erzielen. Anzubahnende Partnerbeziehungen basieren hier demnach auf Kompatibilitätsaspekten, die es erforderlich machen, das eigene suchende Selbst und gleichzeitig die Imagination eines Wunschpartners mittels des Fragebogens umfassend zu definieren und reflexiv zu konstruieren. Die Konstruktion der Repräsentation des Selbst richtet sich hier, so Illouz (2007, S. 117ff.), in einem psychologisierten Prozess nach Innen und zielt auf einen festen und vermeintlich authentischen Kern des Selbst, dessen Konstruktion durch die Profilerstellung allgemein und standardisiert ist. Aber auch diese Authentizität eines Kernselbst ist eine Illusion: In der Tat scheinen Partnerbörsen im Internet in erster Linie dazu herauszufordern, als Selbst- und Fremdbeobachter aktiv zu werden, wenn es darum geht, ein eigenes Selbst für die Erstellung des Profils zu identifizieren und nach dessen Freischaltung die unzähligen Profile potenzieller Partner zu durchsuchen. Aber in dieser Beobachtung richten wir uns nicht allein auf einen subjektiv konstruierten Identitätskern, sondern auch immer nach einer Vielzahl von Teilnahmeerfordernissen und -ansprüchen zum Einstieg in den Online-Beziehungsmarkt: Selbstbeobachter konstruieren sich hier ein virtuelles Profil als ein wohl kalkuliertes und symbolisch hoch aufgeladenes Surrogat der Imagination eines möglichst erfolgsversprechenden Selbst, das Begegnungen im Internet und eine Teilnahme am Beziehungsmarkt damit überhaupt erst möglich macht.

Im Identitätskonstrukt vermischen sich dabei die Anteile dessen, wer und wie wir als Selbstbeobachter glauben zu sein mit jenen, wer und wie wir vor dem Hintergrund von verschiedenen Online-Gemeinschaften sein möchten (vgl. Turkle 2012, S. 308). Trotzdem können die verschiedenen eigenen Profile und Online-Identitäten einer Person stark variieren, je nachdem welchen Zweck sie verfolgen. Wichtig bleibt jedoch, dass all diese Profile Schnittmengen haben, um die Illusion von Authentizität nicht zu zerstören.

> „Die Illusion von Authentizität aufzubauen, erfordert eine gewisse Virtuosität. Das eigene Ich unter diesen Umständen zu präsentieren – mit vielfältigen Medien und vielfältigen Zielen –, ist keine leichte Aufgabe." (ebd., S. 313)

3.3 Perfektion des repräsentierten Selbst

Sehr deutlich werden die imaginierten Voraussetzungen für eine erfolgreiche Teilnahme bei der Selbstpräsentation durch die Konstruktion eines Profils, welches sich – in Anlehnung an Foucaults Kompensationsheterotopie – möglichst vollkommen dazustellen hat. Übertreibungen, falsche Informationen oder eine nur selektiv vorgenommene Darstellung des eigenen Ichs werden durch die speziellen Rahmenbedingungen des Internet erleichtert, so dass ein Großteil der Nutzer von Online-Dating-Plattformen die Validität anderer Profile hinsichtlich bestimmter Persönlichkeitsmerkmale anzweifelt (vgl. Skopek 2012, S. 36). Aber auch ohne einen bewussten Täuschungsversuch wirken bei der Selbstdarstellung Mechanismen der Perfektion: Beim Foto als Simulation einer Verkörperlichung im eigentlich entkörperlichten Raum des Internet etwa gewinnt die eigene physische Erscheinung eine besondere Relevanz, denn hier sind Schönheit und Körperlichkeit omnipräsent,

> „gerade weil sie zu geronnenen, festen Bildern werden, die den Körper in die ewige Gegenwart der Photographie bannen, und gerade weil diese Photos Teil eines konkurrenzorientierten Marktes ähnlicher Photographien sind, generieren die Online-Partnersuchdienste intensive Praktiken körperlicher Selbsttransformation." (Illouz 2007, S. 122f.)

Nicht nur die bewusste Manipulation der visuellen, fotografischen Selbstpräsentation durch digitale Bildbearbeitungsprogramme, sondern auch die direkte Bearbeitung des eigenen Körpers für die Erstellung des Profilbildes (Inszenierung der fotografischen Selbstpräsentation durch Abnehmen, Make-up, Kontaktlinsen, neue Frisur u.ä.) zeigen das Bewusstsein für die eigene Erscheinung und die Orientierung an einer dem Konkurrenzprinzip unterliegenden Körper- und Schönheitskultur, in der das virtuelle Portrait zu einer wesentlichen Grundlage sozialer und ökonomischer Werte erhoben wird und als vermeintlicher Schnappschuss gleichzeitig seine Inszenierung verheimlichen will.

Auch für die schriftliche Darstellung des eigenen Profils, in der sich neben dem Foto mit seinem Ausdruck eines simulierten Äußerlichen und Körperlichen nun möglichst viel Innerweltliches des Subjekts spiegelnd zu repräsentieren habe, gilt, dass sie sich vor dem Hintergrund ökonomischer Marktkriterien in Online-Beziehungsbörsen in Konkurrenz zu unzähligen anderen sprachlich entäußerten Profilen befindet. Neben dem eigenen Äußerlichen sollen hier z.B. auch Interessen, Vorlieben, persönliche Werte usw. beschrieben werden (vgl. ebd., S. 117f.). Doch während für das Foto tatsächlich zählt, ästhetische Konventionen zu bedienen, um genügend Aufmerksamkeit der anderen Beobachter zu erregen, so muss sich hierfür das als Text konstruierte Selbst auf das dünne Eis eines Selbstentwurfes wagen, der sich distinktiv weit genug von sprachlichen Konventionen abhebt ohne dabei aber soziale Normen und Authentizitätserwägungen zu verletzen, um etwa im Vergleich zu anderen Profilen als besonders humorvoll oder interessant identifiziert werden zu können, ohne dass ihm der fade Beigeschmack eines angestrengten Bemühens anhaftet. Kurz: Möglichst originell und gleichzeitig möglichst authentisch muss der schriftliche Ausdruck sein. Die sprachliche Selbstpräsentation bedient sich hierbei kultureller Skripte imaginierter perfekter Persönlichkeitseigenschaften, die aber gerade in ihrer – wie Illouz zeigen kann – symbolischen Vermittlung doch häufig vorrangig etablierte Konventionen nutz, die sich in der Verwendung immer wieder gleicher Adjektive zur Selbstbeschreibung äußert und damit letztlich eher Uniformität und Standardisierung bewirkt (ebd., S. 124).

4 Fazit

Eine Macht des Internet äußert sich nicht allein in Praktiken der Überwachung, sondern ist als Dispositiv grundsätzlich in allen medialen Ereignissen und Verfügungen präsent und durchquert hier die sozialen und individuellen Verhältnisse. Dies betrifft auch das Online-Dating, das als Ort mit heterotopischer Qualität im Sinne Foucaults gedeutet werden kann, weil hier in Bezug etwa auf Verfügbarkeit, Darstellung oder Kommunikation der Partnersuchenden in Teilen andere Regeln und Praktiken gelten, als bei Formen nicht mediengestützter Partnersuche. Als heterotopischer Ort ermöglicht das Online-Dating dem User neue Freiheitsgrade und Partizipationsmöglichkeiten: Die Partnersuche kann relativ anonym erfolgen, ist räumlich unbegrenzt und zeitlich flexibel, bietet eine große Auswahl- und sofortige Kontaktmöglichkeiten und besitzt dabei eine geringere Hemmschwelle. Gleichzeitig aber wirken hier auch Machttechnologien, die unter Rekurs auf Foucault die Heterotopie als einen Raum der Illusion und als einen Raum einer zu Perfektion tendierenden Kompensation bestimmen. Illusion und Perfektion als potenzielle machtstrukturelle Mechanismen beeinflussen dabei die symbolischen und imaginären Konstruktionen der Nutzer von Online-Dating-Portalen z.B. hinsichtlich ihrer Repräsentation, ihres Identitätsmanagements und Ihrer Vergleichs- und Optimierungsstrategie bei der Online-Partnerwahl.

Angesichts vielfältiger Hybridisierungen in den Medien (von Illusionen und Perfektionen, von Symbolischem und Imaginärem, von den einen und den anderen Orten, von Wirklichem und Simuliertem) und auch angesichts der Selbstverständlichkeit von Online-Dating als mittlerweile alltägliche Routine für viele Internetnutzer steht allerdings auch die Frage im Raum, inwiefern mediale heterotopische Orte wie das Online-Dating noch als ein durch Innen- und Außenverhältnisse charakterisierbarer Raum betrachtet werden können, als Orte, die den etablierten Verhältnissen noch in irgendeiner Form widersprechen, oder ob diese nicht schon längst in einem unauflösbaren, ununterscheidbaren und dynamischen Mischungsverhältnis mit anderen Wirklichkeitsbereichen stehen.

Literatur

Bauman, Z. (2009). *Leben als Konsum*. Hamburg: Hamburger Edition.

Bauman, Z. (2003). *Flüchtige Moderne*. Frankfurt a.M.: Suhrkamp.

Bauman, Z./Lyon, D. (2013). *Daten, Drohnen, Disziplin. Ein Gespräch über flüchtige Überwachung*. Berlin: Suhrkamp.

Döring, N. (2003). *Sozialpsychologie des Internet*. Göttingen: Hogrefe.

Foucault, M. (1998). Andere Räume. In: K. Barck/P. Gente/H. Paris/S. Richter (Hrsg.), *Aisthesis. Wahrnehmung heute oder Perspektiven einer anderen Ästhetik* (S. 34–46). Leipzig: Reclam.

Foucault, M. (1994). *Überwachen und Strafen. Die Geburt des Gefängnisses.* Frankfurt a.M.: Suhrkamp.

Hillenkamp, S. (2009). *Das Ende der Liebe. Gefühle im Zeitalter unendlicher Freiheit.* Stuttgart: Klett-Cotta.

Illouz, E. (2011). *Warum Liebe wehtut. Eine soziologische Erklärung.* Berlin: Suhrkamp.

Illouz, E. (2007). *Gefühle in Zeiten des Kapitalismus.* Frankfurt a.M.: Suhrkamp.

Kammerer, D. (2008). *Bilder der Überwachung.* Frankfurt a.M.: Suhrkamp.

Ludes, P. (2002). Medienbeobachtungen und Medienausblendungen. Zur Anästhesie der Bildschirmmedien. In: P. Gendolla/P. Ludes/V. Roloff (Hrsg.), *Bildschirm – Medien – Theorien* (S. 133–144). München: Fink.

Poster, M. (1995). *The Second Media Age.* Cambridge: Polity.

Reich, K./Sehnbruch, L./Wild, R. (2005). *Medien und Konstruktivismus. Eine Einführung in die Simulation als Kommunikation.* Münster: Waxmann.

Skopek, J. (2012). *Partnerwahl im Internet. Eine qualitative Analyse von Strukturen und Prozessen der Online-Partnersuche.* Wiesbaden: Springer.

Teuber, B. (2001). Imaginatio borealis in einer Topographie der Natur. In: A. Engel-Braunschmidt/G. Fouquet/W. von Hinden/I. Schmidt (Hrsg.),*Ultima Thule. Bilder des Nordens von der Antike bis zur Gegenwart* (S. 173–201). Frankfurt a.M.: Peter Lang.

Turkle, S. (2012). *Verloren unter 100 Freunden. Wie wir in der digitalen Welt seelisch verkümmern.* München: Riemann.

Wild, R. (2016). *Konstruktivistische Medientheorie. Beobachter, Teilnehmer und Akteure in medialen Diskursen.* Münster: Waxmann.

Wunderlich, S. (1999). Vom digitalen Panopticon zur elektrischen Heterotopie. Foucaultsche Topographien der Macht. In: R. Maresch/N. Werber (Hrsg.), *Kommunikation, Medien, Macht* (S. 342–367). Frankfurt a.M.: Suhrkamp.

Das umkämpfte Wissen

Untersuchungen zu Aushandlungsprozessen in Wikipedia

Jens Holze

1 Einstieg

Der Name dieses Bandes lautet „Das umkämpfte Netz" und deutet damit sehr deutlich in Richtung einer Idee der Auseinandersetzung. Man könnte den Titel so auslegen, dass er darauf abzielt, eine gegenwärtige Situation des Widerstreits unterschiedlicher Interessen und Interessengruppen bezüglich digitaler Netzphänomene zu beschreiben. Man kann dabei den Eindruck bekommen, dass sich mittlerweile diverse Parteien mit einer Vorstellung des Netzes an Diskussionen beteiligen, selbst wenn sie bislang eine digitale Vernetzung eher ignoriert haben sollten und digitale Netzstrukturen und deren Effekte als plötzlich auftauchendes ‚Neuland' wahrnehmen. Mit zwei bis drei Generationen technischer Evolution des Internet und recht unterschiedlichen Ideologien, die sich parallel zur Technologie entwickelt haben, scheint es entsprechend heterogene Vorstellungen davon zu geben, was dieses Internet ausmacht und wie es zu funktionieren hat. Dies alles geschieht aber offenbar unter dem Eindruck, dass die zeitgenössische und zukünftige Gesellschaft, eine digital vernetzte sein wird, wenn sie es nicht sogar schon längst geworden ist. Das löst unterschiedliche Erwartungen, Ängste und Hoffnungen aus, die artikuliert werden und in häufig sehr stark divergierenden Forderungen münden.

Aber es herrscht nicht nur Kampf um das Internet, es herrscht auch Krieg im Internet. Damit ist hier aber nicht etwa der Begriff *Cyberwar*[1] gemeint, der verschiedene Arten von Kampfhandlungen im Cyberspace beschreiben soll. Vielmehr geht es um den Kampf um Informationen und Wissen, um Deutungshoheiten, Neutralität und Pluralität und um die gesellschaftlich relevanten Fragen: Wie kommt Wissen zustande? Was akzeptieren wir als Wissen? Welche Institutionen und Systeme sind involviert und mit Blick auf aktuelle Gesellschaftsstrukturen legitimiert am Produktionsprozess von Wissen teilzunehmen?

Eine von zahlreichen Fronten an der dieser Kampf tobt und die hier beispielhaft thematisiert werden soll, ist die Wikipedia, die seit 2001 mit der klaren Mission unterwegs ist, die Informationen (oder das Wissen) der Welt zu sammeln und eben dieser Welt zugänglich zu machen. Dabei kommt es nicht nur zu kleinen Scharmützeln und Vandalismus sondern in einigen Fällen zu handfesten Edit-Wars (vgl. Yasseri et al. 2012), also Auseinandersetzungen um Kriterien der Relevanz, der Validierbarkeit, Einhaltung von formalen Richtlinien und informellen Konventionen sowie der Strukturierung von Informationen als Wissen.

Der folgende Beitrag versucht beispielhaft dieses Phänomen in drei Schritten zu betrachten. Zunächst soll die Relevanz des Wissensbegriffes im Kontext einer Strukturalen Medienbildung geklärt werden. Im Anschluss daran wird das Phänomen der Edit-Wars in Wikipedia erläutert und anhand von empirischen Betrachtungen auf Einflussfaktoren hin untersucht. Im letzten Schritt soll ein historischer Blick auf die Entstehung von Wissensstrukturen beginnend mit dem 17. Jahrhundert erfolgen und ein Vergleich mit den Strukturen der Wikipedia zumindest andiskutiert werden.

2 Strukturale Medienbildung und Systemisches Wissen

Die Theorie der Strukturalen Medienbildung (Jörissen und Marotzki 2009) ist ein erziehungswissenschaftlicher Ansatz, der sich insbesondere mit der Relevanz zeitgenössischer Medien für Lern- und Bildungsprozesse auf struktureller Ebene beschäftigt. Sie baut auf der 1990 von Winfried Marotzki formulierten strukturalen Bildungstheorie auf, die im Kern Bildung (im Sinne Humboldts) als höherstufigen Prozess des Lernens betrachtet, der primär anhand von Reflexionspotentialen angestoßen werden kann und eine Veränderung des Selbst- und Weltverhältnisses zur

1 Zur Diskussion dieses Begriffs vergleiche u.a. Beer 2005, Gaycken 2012 oder Schumacher 2012.

Folge hat. Unterschiedliche Formen von Wissen sind in diesem Verständnis Voraussetzung für jeglichen Lernprozess und somit auch für Bildungsprozesse (vgl. Jörissen und Marotzki 2009, S.12f). Insbesondere relevant für letztere ist allerdings eine Möglichkeit der Neuorientierung und das damit verbundene Orientierungswissen, welches in Differenz zum Verfügungswissen (vgl. Mittelstraß 2001, S. 13ff) nicht etwa neue Fähigkeiten oder Fertigkeiten (also ein Wie oder Was) bezeichnet, sondern eine Verständnis, aus dem ein tentatives Umgehen mit veränderten, womöglich bisher unbekannten Weltverhältnissen möglich wird. Dies gilt „um so mehr für komplexe und heterogene modernen Gesellschaften, in denen tradierte Orientierungsmuster nur noch geringe Bindungskraft entfalten" (Jörissen und Marotzki 2009, S.38). Als Beispiel lässt sich der Umgang mit Genderrollen in westlichen Gesellschaften anführen: Traditionelle Gesellschaftskonstrukte wie die klassische Familie und heterosexuelle Partnerschaften, die lange Zeit unhinterfragt gegolten hatten, sind in den letzten Jahrzehnten systematisch um Alternativen erweitert worden, die den modernen Lebensverhältnissen und pluralen Vorstellungen von Sexualität und Geschlechteroptionen gerecht werden können. Ähnliche Zerfallserscheinungen traditioneller Orientierungsstrukturen kann man auch in vielen anderen Bereichen feststellen (vgl. Jörissen und Marotzki 2009, S.16ff; Giddens 1996; Heitmeyer 1997). Um mit diesen neuen Optionen umgehen zu können (oder sie überhaupt erst als Optionen wahrzunehmen und zu akzeptieren) ist eine Reflexion über und ggf. eine Flexibilisierung von Weltbildern sowie eine Neuorientierung von vertrauten Wertvorstellungen notwendig. Im Bereich Information und Wissen können wir insbesondere durch die neuen Medien induzierte Umwälzungen feststellen: Klassische Institutionen der Wissensgenerierung und -verbreitung wie Schulen oder Universitäten sowie die unidirektionalen Massenmedien wie Presse oder Fernsehen aber natürlich auch die Menschen in den so geprägten Gesellschaftsstrukturen sehen sich einer Welt gegenüber, in der Daten- und Informationsaustausch in Echtzeit über digitale Netze immer mehr zur Selbstverständlichkeit wird. In dieser Welt bilden sich Ad-hoc-Gruppen für politischen Aktivismus, vernetzen sich Individuen potenziell jenseits von sozialem Niveau und gesellschaftlichem Status, Zugehörigkeiten oder Hierarchien. Etablierte (teils staatliche) Institutionen ehemaliger Gatekeeper müssen mit Rufen nach mehr Transparenz umgehen lernen oder haben gar mit Whistleblowern kämpfen. Es stellt sich immer wieder neu die schon von Kant formulierte Frage: Was kann ich wissen?

Auch der Begriff des Wissens scheint also diesen Veränderungen unterworfen, wobei man ihn eh meist als unscharfes Konzept verwendet. Er bedarf näherer Erläuterung und wird mithin nur als zusammengesetztes Substantiv zu einem präzisen Konzept, wie man beispielhaft anhand der Differenzierung von Orientierungs- und

Verfügungswissen nachvollziehen kann. Für die folgenden Betrachtungen soll daher ein systemischer Wissensbegriff zur Anwendung kommen, der von Helmut Willke (1998) geprägt wurde. Durch diesen Begriff wird einerseits eine Abgrenzung zu den Begriffen Daten und Informationen geschaffen: Information entsteht nach Willke dann, wenn Daten (codierte Beobachtungen) innerhalb eines Systems als relevant aufgenommen werden. Damit ist Information immer systemspezifisch und kann zwischen Systemen nicht einfach ausgetauscht werden. Das Datum ‚3. Oktober' wird beispielsweise im Kontext der deutschen Geschichte in Verbindung mit entsprechenden Ereignissen zu einer anderen Information, als im Kontext der Geschichte Südkoreas. Wissen entsteht, wenn Informationen in einen Erfahrungskontext „eingebaut" werden (Willke 1998, S.8), also auf einer zweiten Ebene von Relevanzen. Aufgrund des systemtheoretischen Hintergrundes ist es für Willke selbstverständlich, dass Wissen nicht nur durch Individuen generiert werden kann sondern auch von Organisationen durch Herstellung entsprechender Strukturen. Der besagte 3. Oktober ist als gesetzlicher Feiertag sowohl in Deutschland als auch in Südkorea institutionalisiert (als kulturelles Wissen) und mag darüber hinaus für einzelne Menschen noch spezifisch biografisch kontextualisiert sein. Daraus folgt auch, dass man Wissen grundsätzlich im Plural denken muss, da jede Institution, jede Organisation und jedes Individuum ihr/sein eigenes Wissen hat, sich aber gleichzeitig in vielen Wissenskontexten bzw. vielen Ebenen von Wissen orientieren muss. So beinhaltet der Begriff Orientierungswissen in dieser Hinsicht auch eine Notwendigkeit zur Orientierung im Wissen.

Wo zuvor feste und traditionell etablierte Institutionen das Sammeln und Veröffentlichen der Informationen übernommen hatten und dabei auf akademische Kontexte, entsprechend legitimierte Berufsgruppen und das gesellschaftlich akzeptierte Expertentum aufbauten, trat mit Wikipedia ein aus Freiwilligen konstituiertes globales Netzwerk digitaler Aktivisten, vielleicht eine neue Generation von *gens de lettres* (die nicht länger nur aus Männern besteht), an, um auf einer offenen Softwareplattform im Internet das Wissen der Welt nach eigenen Maßstäben neu zu konstituieren und frei verfügbar zu machen. Dieses Phänomen soll im folgenden detaillierter erläutert werden.

3 Das Phänomen Wikipedia und wie geht eigentlich ein Edit-War?

Ursprünglich wurde die Wikipedia als Unterprojekt der Nupedia gestartet, um die Einstiegshürde für neue Autoren zu senken. Das Prinzip fand schnell Freunde, wegen seiner Offenheit und freien Verfügbarkeit primär auch unter den Sympathisanten von freier Software. Über die Zeit verlor Nupedia das öffentliche Interesse und die engagierten Helfer an die Wikipedia, weshalb die Website 2003 geschlossen wurde und ihr Inhalt in die Wikipedia überging (vgl. Möller 2005, S.169f).

Das Ziel von Wikipedia ist der „Aufbau einer Enzyklopädie aus freien Inhalten"[2], wobei das Projekt allein durch freiwillige Autoren und Helfer erstellt und verwaltet wird. Alle Texte und ein Großteil der Abbildungen und Videos werden unter einer Creative Commons-Lizenz (CC-BY-SA[3]) veröffentlicht. Das bedeutet, dass die Inhalte explizit kopiert, verändert und weiterverbreitet werden können – kommerziell oder nicht-kommerziell – solange daraus abgeleitete Produkte unter derselben Lizenz veröffentlicht werden. Die Lizenz garantiert somit, dass niemals unfreie Derivate entstehen können.

Die Wikipedia existiert derzeit in über 100 Sprachen, die größten darunter sind die englische (über 5,0 Millionen Artikel, Stand der Zahlen: Dezember 2015), die deutsche (über 1,87 Mio. Artikel), die französische (mehr als 1,69 Mio.) und die spanische, italienische und russische Wikipedia (je mehr als 1,2 Mio.). Wikipedia wird heute betrieben von der gemeinnützigen Wikimedia Foundation.

Wikipedia nutzt eine Wiki-Software mit recht spezifischen Eigenschaften und wurde aufgrund seiner Größe und langanhaltenden Präsenz schon sehr gut beforscht. Trotzdem können Wikis in sehr unterschiedlichen Ausformungen auftreten, weshalb es hilfreich ist, einige Strukturmerkmale der Wikipedia hervorzuheben. Jan Sebastian Schmalz nimmt dazu eine Differenzierung in zwei Typen vor und nennt diese „Projekt-Wiki" und „Netzwerk-Wiki" (Schmalz 2007, S.6). Diese Differenzierung ist analytisch und dient lediglich dem Ziel, Organisationsstrukturen besser illustrieren zu können. Für die Organisationsform der Wikipedia lässt sich daraus ableiten, dass zwar in Bezug auf bestimmte Eigenschaften von einer virtuellen Gemeinschaft gesprochen werden kann (vgl. Holze 2009), aber das Gesamtkonstrukt eher ein virtuelles Netzwerk darstellt, in dem die Teilnehmer größtenteils anonym sind (sich also nicht persönlich kennen) und primär themenbezogen kommunizieren. Es bilden sich so Heterarchien, die aber zeitlich und inhaltlich begrenzte Hierarchien hervorbringen, weil „Rollen sich dynamisch und kompetenzabhängig aus dem Arbeitsprozess heraus entwickeln und nicht präkonstituiert sind" (Schmalz 2007, S.11). Dieser Ansatz ist auch bei Phänomenen der Auseinandersetzung hilfreich, weil sich eben auch dort spontan Rollen und ggf. Lager bilden können, wie später anhand empirischer Betrachtungen noch deutlich wird. „Heterarchisch organisierte Wikis befinden sich also im Spannungsfeld zwischen temporärer Hierarchisierung und prinzipieller Handlungsfreiheit." (ebd.)

2 So die Formulierung auf der Hauptseite der deutschen Wikipedia unter https://de.wikipedia.org/wiki/Wikipedia:Hauptseite

3 Zur Erklärung siehe https://creativecommons.org/licenses/by-sa/2.0/de/

Dieses Spannungsfeld wirkt sich in Anbetracht des Anspruchs der Wikipedia auf den Prozess der Dokumentation von Wissen aus, indem kontinuierlich etablierte explizite und implizite Rollen, Richtlinien und Konventionen[4] auf dynamisch verhandelbare Gegenstücke treffen. Dieser Gegensatz wird auch an verschiedenen Stellen in der Wikipedia selbst aufgegriffen[5] und ist insofern spezifisch, als dass damit der Prozess der Wissensgenerierung von vornherein als selbstreguliert und dynamisch institutionalisiert gerahmt wird und ferner einem sozialen System, das sich ebenso ständig verändern kann, unterworfen ist.

Der zuvor eingeführte Begriff des systemischen Wissens ist mit Blick auf die Wikipedia in (mindestens) zweierlei Hinsicht interessant: Zum einen deutet der enzyklopädische Anspruch in Wikipedia auf das Relevanzsystem für eine gesellschaftliche oder kulturelle Ebene hin. Es ist der Anspruch ein Wissen, dass wir als Gesellschaft konstituieren und erhalten wollen, durch einen entsprechenden Prozess zu kodifizieren und zu validieren. Wikipedia stellt sich insofern also als Struktur dar, welche Wissen für diese Form der Organisation (üblicherweise fragmentiert in unterschiedliche Sprachen und damit verbundene Kulturkreise) sammelt, in Bild und Text kodifiziert und wieder verbreiten will. Sie ist bei weitem nicht die einzige gesellschaftliche Institution mit diesem Anspruch, aber ein besonders aktuelles Beispiel für eine solche Institution im digitalen Netz mit einer spezifischen Transparenz.

Zum zweiten ist die Wikipedia selbst ein komplexes sozio-technisches System bestehend aus Software und Sozialität, welches im Sinne Willkes durch seine Struktur Wissen beinhaltet, in Form von formalisierten Richtlinien und Regeln, aber auch durch informelle Konventionen. Es stellt einen eigenen Relevanzkontext dar, um letztendlich die Frage der Relevanz, also welches Wissen einen enzyklopädischen Status hat, auf höherer Ebene zu erörtern. Der Aushandlungsprozess, der zu einer bestimmten Form und bestimmten Qualifizierungen für Artikel führt, ist selbst eine Wissensstruktur, die man aus unterschiedlichen Perspektiven betrachten kann. Das soll im Folgenden anhand des spezifischen Phänomens der Edit-Wars und empirischer Untersuchungen dazu geschehen.

Grundsätzlich kann jeder Artikel in Wikipedia von jedem Nutzer (auch anonym) bearbeitet werden. Lediglich zentrale oder aktuell umstrittene Themen werden hiervon ganz oder zeitweise ausgenommen.[6] Jede Veränderung wird als Version des jeweiligen Artikels gespeichert, in der Versionsgeschichte kann also jede Bearbeitung nachvollzogen und im Zweifel rückgängig gemacht werden. Für

4 siehe https://de.wikipedia.org/wiki/Wikipedia:Grundprinzipien

5 siehe beispielsweise https://de.wikipedia.org/wiki/Wikipedia:Ignoriere_alle_Regeln

6 siehe https://de.wikipedia.org/wiki/Wikipedia:Geschützte_Seiten

Erläuterungen und Diskussionen zu den jeweiligen Artikeln gehört zu jedem Beitrag eine Diskussionsseite. Dort können Autoren Überarbeitungen vorschlagen oder ihre eigenen Änderungen falls nötig argumentativ begründen. Eine solche Diskussionsseite gibt es auch für jeden angemeldeten Benutzer. Sämtliche Auseinandersetzungen im Kontext eines Artikels werden durch die Diskussionsseiten und durch die Versionsgeschichte dauerhaft dokumentiert und sind frei einsehbar. Von einem Edit-War spricht man meist, wenn ein Artikel von zwei oder mehr Nutzern in kurzer Zeit immer wieder verändert bzw. auf eine frühere Version zurückgesetzt wird.[7] Edit-Wars stellen, im Verhältnis zur Zahl der Artikel und Bearbeitungen, kein dominantes (vgl. Yasseri et al. 2012), aber trotzdem ein spannendes Phänomen für Analysen dar und illustrieren auch diverse Mechanismen von Wikipedia.

Welche Daten findet man nun in den zwei genannten Bereichen der Hinterbühne der Wikipedia? Einerseits gibt es zu jedem Artikel die Versionsgeschichte, in der tabellarisch die verschiedenen Bearbeitungsschritte nachvollziehbar sind. Angegeben werden dort neben Datum und Zeit der bearbeitenden Nutzer, der Umfang der Bearbeitung in Zeichen und Bytes sowie ein kurzer Kommentar zur Art der Änderung. Ferner wird angegeben, ob es sich um eine kleine Änderung (z.B. Korrektur der Rechtschreibung) handelt. Andererseits gibt es, wie schon erwähnt, die öffentlichen Diskussionsseiten. Durch eine Verknüpfung dieser beiden Datenquellen kann ein relativ detailliertes Bild einer Diskussion und der daraus resultierenden Änderungen entstehen.

Jede hinreichend plausible schriftliche Quelle kann als Ankerpunkt in Wikipedia verwendet werden, weshalb die Gefahr einer einseitigen Verzerrung bestehen kann. Dem entgegen steht eine der obersten Richtlinien der Wikipedia, der sogenannten NPOV (Neutral Point of View, neutraler Standpunkt).[8] Diese besagt, dass Beiträge redaktionell neutral sein sollen und bei sich widersprechenden Standpunkten nach Möglichkeit alle Standpunkte nebeneinander ohne Bevorzugung einzelner Punkte in einem Artikel dargelegt werden müssen. Bei umstrittenen Themen sollen so alle Perspektiven berücksichtigt werden und es obliegt letztendlich dem Leser, sich eine eigene Meinung zu bilden. Man könnte auch sagen, dass das Wissen der Wikipedia nicht notwendigerweise auf Herstellung von Bestimmtheit abzielt, sondern auf den Umgang mit Unbestimmtheit. Dieser Gedanke ist anschlussfähig an die Perspektive der Medienbildung, die in der Unbestimmtheit der Moderne und dem Umgang damit die große Herausforderung für zeitgenössische Bildung sieht. Ein Verstehen komplexer Beiträge in Wikipedia setzt ein Stück weit voraus, dass man bereit ist, die unterschiedlichen Perspektiven zuzulassen. Das

7 siehe https://de.wikipedia.org/wiki/Wikipedia:Edit-War

8 siehe https://de.wikipedia.org/wiki/Wikipedia:Neutraler_Standpunkt

betrifft die Autoren in besonderer Weise, wie das Beispiel der Edit-Wars deutlich machen kann. Hier werden Auseinandersetzungen um Deutungshoheiten, Relevanzkriterien und Auslegungen der Richtlinien dokumentiert und sind auch für den interessierten Leser nachvollziehbar.

Interessant ist aus Sicht der qualitativen Sozialforschung, inwiefern innerhalb von Edit-Wars Organisationsstrukturen und Machtverhältnisse zu Tage treten, die sich entweder aus den informellen Konventionen oder dem formalen Regelwerk der Wikipedia ergeben. Dabei ist die Flexibilität, die in der Wikipedia auf organisatorischer Ebene angelegt ist, eine besondere Herausforderung, wie an zwei empirischen Untersuchungen deutlich gemacht werden kann.

4 Edit-Wars als Macht/Wissen-Regime und Netzwerkphänomen

Die erste Perspektive bietet dabei Christian Pentzolds Betrachtung von Edit-Wars durch die Brille von Michel Foucault. Hier werden unter dem Dach der Genealogie von Macht/Wissen-Regimen drei Kontrollprozeduren des Wissensdiskurses unterschieden: (a) Ausschließung, (b) Klassifikations-, Anordnungs- und Verteilungsprinzipien sowie (c) Verknappung des Zugangs (Pentzold 2007, S.4f). Besonders spannend ist die dritte Prozedur, denn sie bezieht sich auf Regeln, die Individuen einhalten müssen, um am Diskurs und damit am Prozess der Wissensproduktion (oder Verifizierung) teilnehmen zu können. Daran schließt der Begriff des Diskursensembles an, welchen Foucault zur Beschreibung von Zusammengehörigkeit anhand „gemeinsamer Verbindlichkeiten" (Pentzold 2007, S.8) einführt und damit die Subjekte innerhalb einer Auseinandersetzung charakterisiert:

> „Akteure sind Teil eines Diskursensembles, wenn sie sich und ihre Äußerungen dessen Erfordernissen unterwerfen. Denn die Zugehörigkeit zu einem Diskursensemble betrifft nicht nur die Aussagen, sondern auch das jeweilige sich äußernde Subjekt. Beide unterliegen spezifischen Ausschließungsprozeduren." (ebd.).

In einem weiteren Schritt werden nun Macht und Wissen (hier wird Wissen auf Wahrheit bezogen) in Zusammenhang gebracht, denn nach Foucault stehen Macht und Wissen in gegenseitiger Abhängigkeit. Diskurse, die zu Wissen führen, sind immer Machtwirkungen unterworfen und finden nicht ohne Machtausübung statt:

> „Die Strategien und Technologien der Macht sind ermöglicht und begleitet durch Formationen des Wissens und der Wahrheit (vgl. Ewald 1978: 10). Und Wahrheit

> steht nie außerhalb der Macht: ‚Wahrheit selbst ist die Macht.' (Foucault 1978: 54). Sie ‚ist von dieser Welt' (ebd.: 51) und wird im Zusammenspiel vielfältiger Zwänge produziert." (Pentzold 2007, S.9).

Dieser Zusammenhang wird dann diskursanalytisch anhand des Lemmas ‚Verschwörungstheorien' illustriert. Von besonderem Interesse ist für den Autor eine Diskussion zu diesem Artikel, in dem dessen Neutralität in Frage gestellt wird. Der neutrale Standpunkt ist, wie schon festgestellt wurde, eine zentrale Richtlinie für die Wikipedia, und damit Teil des formulierten enzyklopädischen Anspruchs. So kann ein Artikel, in dem die Neutralität umstritten ist, mit einem entsprechenden Textbaustein als Infobox für den Leser markiert werden. Wie der Autor rekonstruiert, wird dieser Baustein vom Nutzer Kris Kaiser in den Artikel eingefügt und auf der Diskussionsseite folgendermaßen kommentiert: „Dieser Artikel diffamiert Verschwörungstheorien an sich als falsch und geisteskrank. So nicht!" (ebd., S.12) Aufgrund dieses Kommentars verlangt ein weiterer Nutzer konkrete Belege für die mangelhafte Neutralität und verweist darauf, dass der Artikel aktuell in der Diskussion zum exzellenten Artikel steht, eine besondere Auszeichnung für Artikel, der ein Review-Verfahren vorausgeht. Daraus entwickelt sich ein Austausch, der hier nicht weiter dargestellt werden soll, aber vom Autor so zusammengefasst wird:

> „In der Diskussion formen sich zwei Lager. Auf der einen Seite steht der Akteur mit dem Nutzernamen ‚Kris Kaiser', auf der anderen Seite eine Gruppe von Autoren, die sich zu einer temporären Koalition zusammengeschlossen haben. Sie weisen systematisch die Änderungsversuche von ‚Kris Kaiser' zurück mit dem Hinweis auf eine Verletzung des diskursiven Rituals" (ebd., S.14).

Macht wird hier also in der Form ausgeübt, dass der Nutzer auf implizite Konventionen hingewiesen wird, die er nicht einhält und dementsprechend seine Änderungen vom „diskursiven Regime" nicht akzeptiert werden. Darüber hinaus wird eine weitere Ausschlussprozedur angestoßen und der betroffene Nutzer aufgrund von Vandalismus für 24 Stunden gesperrt (ebd., S.15).

Einen weiteren empirischen Blick auf das Thema Edit-Wars bieten Stegbauer und Bauer (2010) mit einer Netzwerkanalyse, genauer einer Blockmodellanalyse im Anschluss an Harrison White (2008). Sie werfen einen Blick auf die positionale Struktur, die sich aus Diskussionsbeiträgen extrahieren lässt und skizzieren diese am Beispiel des Artikels „Massaker von Srebrenica". Die Autoren verweisen auf die Konventionen, die sich auf den Diskussionsseiten etabliert haben (ebd. S.236) und auf die Notwendigkeit diese einzuhalten. Aufgrund der Konvention der Signatur können Beiträge den Autoren (Netzwerkknoten) zugeordnet werden und daraus werden Verknüpfungen erstellt, die einerseits über die Veränderungen im zeitlichen Verlauf analysiert und außerdem in Kategorien eingeordnet werden (ebd. S.236f). Wie von den Autoren vermutet lassen sich in Teilen des Diskussionsverlaufs Vertreter der betroffenen Kulturgruppen finden, deren Standpunkte sich auch anhand der persönlichen Hintergründe orientieren. Eine erste, zentrale Diskussion zwischen dieser ersten Gruppe von Diskutanten zieht sich über ein halbes Jahr hin, endet dann aber im Oktober 2006.

> „Ab diesem Zeitpunkt werden Textentwürfe disziplinierter diskutiert und der Artikel verbessert. Der Artikel wird seit dieser Zeit im Wesentlichen von einem Hamburger Politologen (Teilnehmer AT) betreut. Obgleich es sich um einen Anfänger in der Wikipedia handelt, wird der Artikel von diesem Teilnehmer durch die Institutionen der Wikipedia geschleust." (ebd., S.238f)

Die Diskussionen beziehen sich ab dann primär auf Überarbeitungen des Artikels um den Kriterien des Reviewverfahrens bzw. anderer Verbesserungsprogramme zu genügen. Beispielhaft stellen die Autoren fest, dass die Zeit als ein „wesentliches Strukturierungsmoment angesehen werden kann" (ebd., S.238). Der Artikel bzw. die angegliederte Diskussion durchläuft bestimmte Phasen, die durch jeweils andere Beteiligte und Netzwerkstrukturen zwischen diesen gekennzeichnet sind.

Im Ergebnis stellen die Autoren zunächst fest, dass formale Rollen, wie beispielsweise die Administratoren, die mit zusätzlichen Privilegien auf Softwareebene ausgerüstet sind, nicht als zentrale Rolle in den untersuchten Diskussionen zu Tage treten (ebd., S.243). Strukturelle Positionen ergeben sich vielmehr anhand der „teilweise entgegengesetzten Wahrnehmungen und Interpretationen" (ebd., S.250) der Teilnehmer, die aber trotz allem angehalten sind, einen sachlichen Artikel im Sinn der Richtlinien der Wikipedia zu schreiben. Die Auseinandersetzungen können dabei als Fortsetzungen der ursprünglichen Konflikte gelesen werden:

> „Jedes moralisch hochaufgeladene Thema kennt Urteile und Vorurteile. [...] Solche Zuschreibungen wirken von Außen in den Diskussionsraum hinein – mit der Herkunft etwa sind Erwartungen verbunden, wer in welcher Weise einen Standpunkt vertreten wird. [...] Wir können also erwarten, dass um die Formulierungen im Artikel ein Stellvertreterkonflikt zwischen Serben und muslimischen Bosniern, welche die Opfer des Massakers waren, stattfindet." (ebd., S.251).

Nachdem dieser stark aufgeladene Konflikt abgeklungen ist, kann ein Teilnehmer, der im Kontext des Themas Neutralität ausstrahlt, weil er keinem beteiligten Lager angehört, die Weiterentwicklung des Artikels übernehmen und sich damit innerhalb der Gemeinschaft Wikipedia etablieren. Auch dafür sei den Autoren zufolge der Zeitpunkt, zu dem dies geschieht, von zentraler Bedeutung: „Nur wer zum richtigen Zeitpunkt am richtigen Ort ist, bekommt überhaupt die Gelegenheit, sich zu bewähren" (ebd., S.253). Anders als bei der klassischen Enzyklopädie ist formalisiertes Expertentum (z.B. akademischer Natur) nicht notwendigerweise ein Garant für die Deutungshoheit. Erst durch einen gemeinschaftlichen Review- und Verifizierungsprozess, der mittlerweile auch zum Teil formalisiert wurde, wird der Anspruch an die Artikel in letzter Instanz geprüft und durch die Gemeinschaft akzeptiert.

5 Entsteht in Wikipedia das neue Wissen? – Vergleich mit der Geschichte einer Soziologie des Wissens

Der britische Historiker Peter Burke hat – unter anderem motiviert durch die Idee der Wissenssoziologie nach Karl Mannheim – der Geschichte der Soziologie des Wissens bereits zwei Monografien gewidmet und verfolgt darin die Entwicklung gesellschaftlicher Strukturen im Kontext von Wissensgenerierung und -verbreitung beginnend mit dem 17. Jahrhundert bis in die Gegenwart. Dabei zeigen sich diverse Zusammenhänge auf unterschiedlichen Ebenen, ein allgemeines Verständnis von Wissen hängt beispielsweise neben veränderten Berufsbildern und Arbeitsfeldern ebenso mit Medientechniken und einer technologischen Entwicklung zusammen. Burke stellt insbesondere in seinem ersten Band der „Social History of Knowledge" (Burke 2000) die Entwicklung von einer klerikal geprägten Intelligentsia hin zu einer durch Aufklärung und Säkularisierung motivierten Gruppe von Intellektuellen und Autoren dar, die sich besonders in Westeuropa, speziell auch in Frankreich (z.B. die Autoren der *Encyclopédie ou Dictionnaire raisonné des sciences, des arts et des métiers, par une Société de Gens de lettres*) und Deutschland, etablierte.

In der Diskussion zu digitalen Medien wird dem Internet als Technologie eine ähnlich umwälzende Wirkung wie dem Buchdruck nach Johannes Gutenberg unterstellt, häufig mit Verweis auf die Medientheorie von Marshall McLuhan (2001). Tatsächlich ermöglichte der Buchdruck die massenhafte Vervielfältigung von Informationen zu relativ niedrigen Kosten. Burke spricht von einer Standardisierung des Wissens, die zu einer starken Verbreitung identischer Texte führte: „It standardized knowledge by allowing people in different places to read identical texts or examine identical images." (Burke 2000, Kap. 1). Damit war auch eine Verknüpfung über Wissenskontexte hinweg möglich, die Pluralität des Wissens, die schon thematisiert wurde, wird also partiell dadurch aufgelöst, dass Wissen miteinander interagieren konnte („the interaction between different knowledges", ebd.). Dies wiederum führte zu einem Bedarf an neuen Tätigkeiten zur Sortierung, Kontextualisierung und Sammlung von Informationen in Forschung und Verwaltung führte. Heute würde man vielleicht im weitesten Sinn von Wissensmanagement sprechen. Wie Burke aufzeigt, hatte sich schon um 1600 eine Gruppe von Autoren gebildet, die als „information broker" oder „knowledge manager" Menschen unterschiedlicher Fachgebiete, Orte und Kulturen miteinander bekannt machten und sie so miteinander verknüpften (Burke 2000, Kap.2), ähnlich wie es heute (wesentlich effektiver) das Internet vermag. Aus dieser Entwicklung resultierte auch die Encyclopédie, die ab Mitte des 18. Jahrhunderts herausgegeben wurde. Bezogen auf Wikipedia kann man feststellen, dass auch durch diese primär die Vernetzung des Wissens (im Sinne von Vernetzung der Wissenden) vorangetrieben wird. Wenngleich die Richtlinien und auch Texte der unterschiedlichen Sprachfassungen auf keinen Fall als identisch gelten können, so teilen sich doch alle Bereiche des globalen Projekts Wikipedia eine technische Plattform und gemeinsame soziale Prozeduren und Rollen, wie die bereits gezeigten Muster für Auseinandersetzungen und gemeinsame Richtlinien. Es gibt eine gemeinsame Mission und ein gemeinsames Verständnis, wie sich enzyklopädisches Wissen generieren lassen soll, allerdings gibt es auch kulturelle Unterschiede, die sich meist in den Konventionen wiederfinden lassen. Dabei fällt auch auf, dass Wikipedia genau wie die Encyclopédie lediglich Informationen sammelt, strukturiert und veröffentlich, aber dabei auf Quellen angewiesen ist. Diese Quellen entstammen primär der Wissenschaft, also größtenteils den etablierten Institutionen der Forschung und des Wissens, deren Genese Burke beschreibt. Kein Datum darf in Wikipedia erscheinen, wenn es nicht einer plausiblen und nachvollziehbaren Quelle entnommen wurde. Dabei werden mögliche Widersprüche durch die Richtlinie des neutralen Standpunktes integriert. Theoriefindung wird ganz klar abgelehnt, weil es sich um nicht nachprüfbare Aussagen handelt.[9] Wikipedia bedient sich auch einiger wissenschaftlicher Prozesse, wie beispielsweise dem Peer-Review, als Werkzeug.[10] Das Projekt (wie das Internet allgemein) ermöglicht Verknüpfungen über Organisationsgrenzen, Hierarchien und Rollenvorstellungen hinweg, aber es findet nicht jenseits davon statt und ist, wie hoffentlich gezeigt werden konnte, sozialen Regeln unterworfen. Die Generierung von Wissen in Wikipedia, so scheint es, ist also im Kern die Fortsetzung einer Entwicklung, die tief historisch verwurzelt ist und sich ‚lediglich' den Möglichkeiten zeitgenössischer Medien angepasst

9 siehe https://de.wikipedia.org/wiki/Wikipedia:Keine_Theoriefindung

10 siehe https://de.wikipedia.org/wiki/Wikipedia:Review

hat. Diese Möglichkeiten darf man gleichzeitig nicht unterschätzen, es ist aber offenbar auch überzogen, von komplett neuen Phänomenen zu sprechen. Vielmehr entsteht durch die digitale Vernetzung eine Option für dynamische Strukturen, die sich neu bilden aber auch ebenso schnell verändern können und damit eine neue Qualität, die es zu untersuchen gilt.

Burke thematisiert ebenso die Zentralisierung von Wissen. So bildeten sich beispielsweise mit Universitäten und Bibliotheken in vielen europäischen Städten Zentren von Wissen, gleichzeitig fand auch eine (ungleiche) Verteilung statt, die es unmöglich macht nur ein Zentrum zu identifizieren. Der Geografie des Wissens widmet Burke ein ganzes Kapitel (vgl. Burke 2000, Kap. 4). Verglichen mit den Möglichkeiten des digitalen Zeitalters der beschleunigten Information ist das Netz nicht nur engmaschiger geworden, es ist so dicht, dass auch die weit entfernte Information im Grunde nur wenige Millisekunden zu uns benötigt. McLuhan hat diesen Effekt des elektrischen Zeitalters als Implosion und Dezentralisierung bezeichnet (McLuhan 2001, S.38), Burke nennt es in der expansionistischen Logik „The Knowledge Explosion“ (Burke 2000, Kap.9).[11] Virtuelle Räume, so wie Wikipedia, sind aber vielleicht die neuen Zentren, wenn sie auch physisch dezentralisiert auf Servern überall auf dem Globus gelagert sind.

Das ‚neue‘ Wissen, kann also als dezentral organisiert angenommen werden und konstituiert sich dynamisch neu. Es ist der Prozess, den man in den Blick nehmen muss, und nicht so sehr das immer nur vorläufige Ergebnis. Die Vorläufigkeit galt für akademisches Wissen sicherlich immer schon, es ist aber vielleicht eine Erkenntnis des späten 20. Jahrhunderts, dass angesichts der immer mehr und immer schneller wachsender Zahl der Informationen auch das Wissen in immer kürzeren Abständen geprüft werden muss und Menschen sich dahingehend neu orientieren können.

6 Fazit

Vor dem Hintergrund eines Bildungsbegriffs, wie er der Strukturale Medienbildung zugrunde liegt, scheint deshalb ein neuer Aspekt von Wissen zu sein, dass die Verbindlichkeit etablierter Deutungshoheiten abnimmt und eine Tendenz zu kontinuierlicher Aushandlung entsteht. Um der Komplexität von Wissen und Wissenskontexten Herr zu werden, ist das Individuum gefordert, sich selbst neu zu

11 Dieser Widerspruch erklärt sich dadurch, dass McLuhan offenbar von einer zunehmenden Fragmentierung innerhalb gleichbleibender physischer Grenzen ausgeht, während die Logik der Explosion annimmt, dass Grenzen durchbrochen werden.

orientieren, dafür bietet Wikipedia als ein Werkzeug im Speziellen und das digitale Netz als Ganzes unterschiedliche Angebote. Diese sind aber kein technologisches Allheilmittel.

Ausgehend vom spezifischen Phänomen der Edit-Wars zeigt sich die dynamische Natur der Wikipedia aber auch ihr Ursprung und die Anknüpfung an Jahrhunderte alte Auseinandersetzungen um Wahrheitsansprüche und Deutungshoheiten. Der Verlauf und der Zweck von Auseinandersetzung ist dabei allen sozialen Widrigkeiten unterworfen, die der Mensch kennt: Vorurteile, Rollenverhalten und Reaktionen auf wahrgenommenes regelkonformes oder regelwidriges Verhalten sind recht alltägliche zwischenmenschliche Phänomene. Sie treten insbesondere auch deswegen zu Tage, weil spontane Hierarchien, wie sie sich in Wikipedia bilden und wieder zerfallen, auf ständige Aushandlung und ggf. Neuorientierung angewiesen sind. Die akademische (etablierte) Welt der Wissenschaft ist weiterhin der Sockel, auf dem Wikipedia fußt. Eine Idee des Cyberspace als abgeschlossenem, gar regel- oder rechtsfreiem Raum, wird diesem Phänomen offenkundig nicht gerecht.

Die Betrachtungen von Schmalz sowie Stegbauer & Bauer zeigen, dass die Netzwerkstruktur diese Dynamik befeuern kann. Nicht nur sind Auseinandersetzungen dadurch ermöglicht, sie sind systematisch notwendig und sie finden auch mit ständig wechselnden Akteuren und in sich rapide verändernden Kontexten statt. Dabei gibt es kaum relevante, fest etablierten Rollen und Hierarchien, selbst die Administratoren haben lediglich über Verfahrensfragen Deutungshoheit, nicht aber zwangsläufig über inhaltliche Fragen. Anerkennung innerhalb der Community und nachweisbare (und über das gemeinsame Dokument Wikipedia transparent nachvollziehbare) Einhaltung der gemeinsamen Konventionen sind wichtiger als formale Qualifikation. So entsteht eine Art sozialer Algorithmus zur Wissensgenerierung. Das Verhältnis von Wissen und Macht ist ebenso ein dynamisches, wie anhand der Beispiele von Pentzold zumindest vermutet werden kann. Nicht nur ist die Macht der Deutungshoheit gebunden an Aushandlungen und ausgehandelte Konventionen, nicht so sehr an Personen und persönlichem Ansehen. Sie liegt ebenso stärker beim Rezipienten, kann und muss er doch kritisch mit den Informationen und den Diskussionen, die damit verknüpft sind, umgehen. Er muss sich auch der Komplexität der wissensgenerierenden Prozesse und gegebenenfalls seiner Möglichkeit zur aktiven Beteiligung bewusstwerden. Ein Konzept von Bildung für die digitalisierte Welt muss diesen kritischen Umgang und das Hinterfragen der Konstruktion von Wissen zum Thema machen, wenn man verhindern will, dass daraus eine digitale Spaltung wird, die aktuell ja schon aus verschiedenen Perspektiven diagnostiziert wird. Denn klar ist, dass man die Informationen der Wikipedia nur dann wirklich versteht, wenn man auch ihre Generierung und die

Mechanismen dahinter und damit den Subtext der Metainformationen nachvollziehen kann. Das gilt vermutlich für alle Informationen in einer digitalisierten Welt, lässt sich anhand der Wikipedia aber eindrucksvoll illustrieren, auch weil diese Metainformationen überhaupt verfügbar sind. Die Komplexität von Wissen und Wissenskontexten nimmt weiter zu und solange das Internet sich weiterentwickelt, ist ein Ende dieses Prozesses nicht in Sicht und insofern ist Wikipedia selbst wahrscheinlich nur eine vorläufige Brückentechnologie der Wissensgenerierung. Eine Fortsetzung des Diskurses um die Begriffe Informations- oder Wissensgesellschaft kann an dieser Stelle nicht geleistet werden, bietet sich aber als weiteren Schritt an. Ebenso lohnt eine genauere Betrachtung der Zusammenhänge zwischen Software und sozialem Raum.

Die Frage, welchen Einfluss das Internet und spezielle Angebote wie die Wikipedia auf unser Verständnis von Wissen und Wissensgenerierung haben ist eine, die noch viel Potential für Forschung bietet. Sie ist auch insbesondere eine interdisziplinäre Aufgabe ist, weil sie letztendlich für die gesamte Wissenschaft und Gesellschaft von Relevanz ist. Der Kampf um das, was wir als Wissen deklarieren wollen, findet seit je her an vielen Fronten statt. Es ist aber letztendlich kein Kampf zwischen alten und neuen Medienformen oder altem und neuem Wissen.

Literatur

Beer, T. (2005). *Cyberwar. Bedrohung für die Informationsgesellschaft* (1. Auflage). Marburg: Tectum.

Burke, P. (2000). *A Social History of Knowledge: From Gutenberg to Diderot.* Polity Press. [Kindle Edition].

Gaycken, S. (2012). *Cyberwar – Das Wettrüsten hat längst begonnen: Vom digitalen Angriff zum realen Ausnahmezustand.* Goldmann Verlag.

Giddens, A. (1996). *Konsequenzen der Moderne (suhrkamp taschenbuch wissenschaft)* (7. Auflage). Frankfurt am Main: Suhrkamp Verlag.

Heitmeyer, W. (1997). *Was treibt die Gesellschaft auseinander* (1. Auflage). Frankfurt am Main: Suhrkamp Verlag.

Schmalz, J. S. (2007). Zwischen Kooperation und Kollaboration, zwischen Hierarchie und Heterarchie. Organisationsprinzipien und -strukturen von Wikis. *kommunikation@gesellschaft, Jg. 8.* Online unter http://www.soz.uni-frankfurt.de/K.G/B5_2007_Schmalz_a.html

Holze, J. (2009). WikiGemeinschaften – Analyse einer Gemeinschaftsform zur Kollaboration im World Wide Web. Online unter http://log.jensholze.de/wp-content/uploads/2013/08/Bachelorarbeit_Hypertext.pdf

Jörissen, B., & Marotzki, W. (2009). *Medienbildung – Eine Einführung: Theorie – Methoden – Analysen* (1. Auflage). Stuttgart: UTB.

McLuhan, M. (2001). *Understanding Media (Routledge Classics)* (überarbeitete Auflage). New York: Routledge Chapman & Hall.

Mittelstraß, J. (2001). *Wissen und Grenzen: Philosophische Studien* (1. Auflage). Suhrkamp Verlag.

Möller, E. (2005). *Die heimliche Medienrevolution. Wie Weblogs, Wikis und freie Software die Welt verändern*. (1. Auflage). Hannover: Heise Zeitschriften Verlag.

Pentzold, C. (2007). Machtvolle Wahrheiten: diskursive Wissensgenerierung in Wikipedia aus Foucault'scher Perspektive. *kommunikation@gesellschaft*, Jg. *8*, 24. Online unter http://nbn-resolving.de/urn:nbn:de:0228-200708075

Schumacher, S. (2012). Vom Cyber-Kriege. In J. Sambleben & S. Schumacher (Hrsg.), *Informationstechnologie und Sicherheitspolitik* (S. 1–26). Berlin: Books on Demand.

Stegbauer, C., & Bauer, E. (2010). Die Entstehung einer positionalen Struktur durch Konflikt und Kooperation bei Wikipedia: Eine Netzwerkanalyse. In T. Sutter & A. Mehler (Hrsg.), *Medienwandel als Wandel von Interaktionsformen* (S. 231–255). VS Verlag für Sozialwissenschaften. doi:10.1007/978-3-531-92292-8_11

White, H. C. (2008). *Identity and Control: How Social Formations Emerge* (2. Auflage). Princeton, NJ: Princeton University Press.

Willke, H. (1998). *Systemisches Wissensmanagement*. UTB, Stuttgart.

Yasseri, T., Sumi, R., Rung, A., Kornai, A., & Kertész, J. (2012). Dynamics of conflicts in Wikipedia. *PLoS One*, *7*(6), e38869. doi:10.1371/journal.pone.0038869

Alle Weblinks wurden zuletzt am 17.01.2016 überprüft.

(Self-)Empowerment und Medienpraktiken im Netz

Erkundungen zum multiplen Aufbegehren marginalisierter Individuen und Gruppen

Dagmar Hoffmann

1 Subjektverständnisse und (Self-)Empowerment

Die Konjunktur von Subjekt-Diskursen und die Neuverhandlungen von Selbstkonzepten sowie die inzwischen auch etwas überstrapazierte, omnipräsente Reklamation von ungenügenden Kompetenzen nicht nur im Bereich von Bildung und Medien lassen erkennen, dass die Gegenwartsgesellschaft besondere Anforderungen und Qualifikationen an das moderne Individuum stellt. Kennzeichnend für westliche Demokratien sind etwa Forderungen nach Flexibilität und Produktivität (vgl. Alkemeyer et al. 2013, S. 10), hinzukommen Ansprüche an (selbst)wirksame „Aufmerksamkeitsökonomien" (Franck 2007) sowie „Kreativitätsimperative" (Reckwitz 2012), „Selbstoptimierungs und Selbstbestimmungsimperative" (Bröckling 2007, 2003), die eine unablässige Selbstüberprüfung notwendig machen. Eine Vielzahl an ökonomischen, kulturellen und politischen Entwicklungen hat dazu beigetragen, dass die Individuen heute über mehr Freiheiten verfügen, wobei sie aber zugleich auch mehr Verantwortung für sich selbst übernehmen müssen. Schulzes Beobachtungen zur Folge (2003, S. 212ff.) wird neben dem „essentiellen" auch das „instrumentelle Selbstverstehen" immer bedeutsamer. Essentielles Selbstverstehen ist *seinsgerichtet* und konzentriert sich auf Fragen danach, wer man ist und wer man sein will, wohingegen das instrumentelle Selbstverstehen *könnensgerichtet* ist und die individuellen Fähigkeiten hinterfragt, überprüft und demonstriert. Individuen orientieren sich in ihrem Handeln am vorhandenen kulturellen Kapital und ihren angeeigneten Kompetenzen. Sie sind stets bemüht, Kompetenzen neuen Gegebenheiten anzupassen, sie auszuweiten und auch neue zu erwerben. Ihre „Fähigkeiten sind als Außenwirkung des Ich definiert" (ebd., S. 215), d.h. man konstruiert und präsentiert sich selbst, über das was man kann und anderen gegenüber demonstrieren kann.

Von jeher sind Fähigkeiten bedeutsam gewesen, die Kultur und Subjektivität tangieren, doch nun verschieben und erweitern sich die Eigenschaften, die man benötigt und derer es bedarf, um in einer komplexen, bisweilen unberechenbaren Welt so zu agieren, dass man sich und anderen (annähernd) genügt, dass man sowohl privat als auch beruflich Ziele erreicht, Leistungen erbringt und Ergebnisse produziert, also in irgendeiner Form Spuren hinterlässt, die auf Einzigartigkeit schließen lassen. Die veränderten Formen der Subjektivierung und ihre Konsequenzen für Vergesellschaftungs- und Vergemeinschaftungsprozesse fordern insbesondere die empirische Wissenschaft heraus. Es wird deutlich, dass man sich in der Vergangenheit doch vornehmlich um ein Verstehen und Deuten des „könnensgerichteten Denkens" bemüht hat und „die psychologische und soziologische Bewältigung des Seins noch nicht [ausreichend, *Anf. d. A.*] als wissenschaftliches Problem wahrgenommen" (ebd., S. 217) hat. Trotz der Tatsache, dass das Selbst für andere im Grunde unzugänglich ist, fehlt es nicht an theoretischen Abhandlungen zum Paradigma des Selbst, auch nicht an zeitdiagnostischen Interpretationen zur Neukonstitution des Subjekts (vgl. Veith 2004). Allerdings kann nach wie vor eine gewissenhafte empirische Überprüfung der Subjekttheorien bemängelt werden. Man begnügt sich mit Subjekt*vorstellungen* und Subjekt*konzepten*, die sich vor dem Hintergrund gesellschaftlicher Entwicklungen wie etwa der Individualisierung und Globalisierung (vgl. ebd., S. 27f.) ändern (können). Insofern läuft man – wie nicht selten in der Soziologie – durchaus Gefahr, mitunter zu einem bestimmten Zeitpunkt eine „Überverallgemeinerung" (Honneth 1995, S. 7) vorzunehmen, die in sozialer und historischer Hinsicht dann nur eine beschränkte Reichweite besitzt. Subjektverständnisse variieren folglich in Abhängigkeit zu den jeweilig bemühten und bevorzugten Sozialtheorien. Narrationen über das moderne Selbst sind keineswegs kongruent und widerspruchsfrei, wenngleich Aspekte der Handlungsbefähigung (agency) respektive des eigenverantwortlichen Handelns, von Selbstbestimmung, Autonomie und Selbstregierung wiederkehrend betont werden.

Im Zuge dessen rücken die vieldeutigen Konzepte des Empowerment wieder verstärkt in den Blick, die die „Fähigkeit zur Selbstregierung steigern sollen" (Bröckling 2003, S. 324) und auf „Prinzipien der Hilfe zur Selbsthilfe und der wechselseitigen Unterstützung" (ebd.) aufbauen. Ein „gelingendes Lebensmanagement in

Selbstbestimmung“ (Herriger 1997, S. 169) gilt als Zielzustand des Empowerment-Prozesses. Die Praxis des Empowerment ist keineswegs neu, doch sie erhält unter den Vorzeichen oben benannter gesellschaftlicher Entwicklungen und Imperative sowie auch veränderter Kommunikationsbedingungen insbesondere über mediale Infrastrukturen des Netzes eine neue Bedeutung und bisweilen Dringlichkeit. Empowermentkonzepte richten sich von jeher vorzugsweise an marginalisierte, sozial benachteiligte Gruppen, die mit ihren Interessen und Belangen, ihrer Kritik und ihren Forderungen an die Öffentlichkeit gehen und auch einen Bewusstseinswandel in Sachen soziale Ungerechtigkeit, Diskriminierung und Stigmatisierung herbeiführen sollen. Individuen, Gruppen und Institutionen werden mit Kommunikations- und Partizipationsstrategien vertraut gemacht und ausgestattet, in denen sie sich üben können, um ihre Emanzipation proaktiv voranzutreiben. Häufig werden Empowerment-Konzepte bemüht, um politische Teilhabe zu ermöglichen und zu fördern sowie um politischen Widerstand zu mobilisieren (im Überblick vgl. Herriger 1997; Bröckling 2003, S. 325f.).

Herriger (1997, S. 169ff.) unterscheidet mit Verweis auf Swift & Levin (1987) zwischen psychologischem und politischem Empowerment: Kurz gefasst fokussiert das *psychologische Empowerment* auf die innerpsychischen Niederschläge von Empowerment-Erfahrungen des einzelnen Subjekts. Die Erfahrung von eigener Stärke, Autonomie und Gestaltungskraft forciert und erweitert die psychische Ausstattung der Menschen. Gestärkt werden die personalen Ressourcen wie persönlichkeitsgebundene Überzeugungen, Selbstwahrnehmungen und Selbstakzeptanz, Bewältigungs- und Handlungskompetenzen. Personale Ressourcen sind bedeutsame präventive Kraftquellen der Gesunderhaltung – der so genannten Salutogenese (Antonovsky 1987) – und dienen dem psychosozialen Selbstschutz und der Identitätssicherung. Sie sind „eine Elefantenhaut für die Seele“ (Herriger 1997, S. 173) und machen das Subjekt widerstandsfähig und weniger emotional angreifbar. Das *politische Empowerment* konzentriert sich auf Prozesse und Praktiken kollektiver Problembewältigung. Im Zentrum steht der Erwerb partizipatorischer Kompetenzen (siehe Kieffer 2013), worunter „ein Bündel von handlungsleitenden Wissensbeständen, Motivationen und Strategien der sozialen Einmischung“ (Herriger 1997, S. 186) verstanden werden. Des Weiteren gilt es, Solidargemeinschaften aufzubauen, Teilhabe und Mitverantwortung auf der Bühne der politischen Öffentlichkeit einzufordern (vgl. ebd.). Voraussetzung für politisches Empowerment ist erstens ein positives Selbstkonzept. Die Akteure müssen das Gefühl haben, über die nötigen Eigenkompetenzen zu verfügen, um Veränderungen in Gang setzen zu können. Zweitens bedarf es eines „kritischen und analytischen Verständnisses der umgebenden sozialen und politischen Umwelt“ (ebd., S. 187). Und nicht zuletzt müssen drittens individuelle und kollektive Ressourcen für soziale und politische Aktionen entwickelt worden bzw. vorhanden sein. Betont wird, dass nur eine Verknüpfung von positivem Selbstkonzept und Selbstvertrauen, analytischem Verständnis der Umwelten und die Ressourcenmobilisierung ein aussichtsreiches Empowerment zulassen. „Partizipatorische Kompetenz umfaßt somit die Kombination von Einstellungen, Wissen und Fähigkeiten, die notwendig ist, um eine bewußte und positiv bewertete Rolle in der sozialen Konstruktion des eigenen politischen Umfeldes zu spielen" (ebd.).

Empowerment-Prozesse werden in der Regel von außen angestoßen, angeleitet und begleitet – im Sinne einer Hilfe zur Selbsthilfe – durch Mentoren (z.B. Sozialarbeiter/-pädagogen/innen, Psychologen/innen). Interventionen sind darauf ausgerichtet, die vorhandenen Beeinträchtigungen der Lebensführung zu reduzieren, die zumeist auf einen Mangel an Macht zurückgeführt werden können. Insofern gilt es, Machtpotenziale der Problembetroffenen, also derjenigen, die man zuvor als Machtlose bestimmt hat, zu steigern (vgl. Bröckling 2004, S. 57). Machtasymmetrien werden von den Benachteiligten selbst minimiert und behoben, in denen sie sich ihrer eigenen Kräfte, ihrer Machtquellen, bewusst werden und diese gezielt (mitunter rebellisch) einsetzen. Kraftpotenziale werden bisweilen durch Gemeinschaftserfahrungen (wieder)entdeckt oder aber durch einen inneren Antrieb mobilisiert. Des Öfteren wird im Hinblick auf die eigeninitiativ freigesetzten Energien und Selbstbemächtigungsbemühungen auch von Self-Empowerment gesprochen. Ähnlich des Self-Coaching ist man bestrebt, auf sich selbst einzuwirken, sich konsequent zu disziplinieren und einen „Modus des Regierens" zu kreieren und zu verfolgen, „der sich dadurch definiert, dass all seine Interventionen die Fähigkeit zur Selbstregierung steigern sollen" (Bröckling 2007, S. 184.).

2 Bedingungs- und Ermöglichungsverhältnisse

Um sich und seine Interessen öffentlich selbst vertreten zu können, bedarf es zunächst der persönlichen Auseinandersetzung mit der eigenen Geschichte, den biografischen Erfahrungen sowie der Rekapitulation der Bewältigungsprozesse in Bezug auf die kritischen Lebensereignisse (vgl. u.a. Theunissen 2014, S. 105). Es gilt sich darüber im Klaren zu werden und zu sein, wie man sich politisch einbringen möchte, zu welchem Zweck und mit welchen Mitteln man Einfluss nehmen möchte. Die Gruppe von Marginalisierten, die in diesem Beitrag im Zentrum stehen, sind Autisten, die häufig mit Diskriminierung konfrontiert sind, die ausgegrenzt werden und die mit dem Bild und Verständnis über Autismus, welches in der Öffentlichkeit präsentiert wird, oftmals nicht einverstanden sind (vgl. ebd., S. 109). Die Formen sozialer Exklusion, die Autisten erleben, sind verschieden.

Es werden u.a. Bullying und Segregation sowie Benachteiligungen im Beruf und vielen anderen Lebensbereichen genannt. Ein großes Thema sind nach wie vor die Pathologisierung und Etikettierungen (wie etwa die Zuschreibung von Inselbegabungen), wobei Autismusspektrumsstörungen prinzipiell variantenreich sind. Über selbstorganisierte Gruppenzusammenschlüsse, Vereine wie z.B. *Aspies e.V.* und Verbände sowie über global agierende Netzwerke wie etwa dem *Autism Self Advocacy Network (ASAN)* versuchen Autisten Aufklärungsarbeit zu leisten, Missstände zu benennen, Vorurteile abzubauen und sich für ihre Rechte einzusetzen. Neben Möglichkeiten institutioneller Selbstvertretung agieren Autisten aber auch nicht selten solitär – in populären Medien (z.B. in Magazinformaten, Wissenssendungen, Talkshows) oder vorzugsweise im Internet (vgl. Theunissen & Paetz 2011, S. 59ff.).

Im Internet finden sich zahlreiche Plattformen, Foren und Blogs, die Autisten eingerichtet haben und betreiben, und die Anlaufstelle sind, dem kommunikativen Austausch und der Informationsbeschaffung sowie Kritik dienen. Reportagen und Einzelfallberichte über Autismus inklusive des Asperger-Syndroms finden sich zuhauf im Netz. Betroffene, oftmals vor allem deren Angehörige, zeigen sich dankbar über die nicht lokal gebundenen Unterstützungsangebote, über vielfältige Möglichkeiten des Wissenstransfers und Informationsaustauschs (vgl. Haskell 2012). Es wird über Autisten berichtet, aber sie treten vielfältig auch selbst in Erscheinung, haben eigene *YouTube* Channels, stellen Vlogs bereit, die je nach Inhalt, Ansprache und Interaktivitätspotenzialen unterschiedlich stark frequentiert werden. Die Begriffe Autismus und Autism liefern auf *YouTube* aktuell[1] 1,4 Mio Treffer (im November 2015 waren es noch 1,2 Mio.), Asperger 216.000, Aspie über 30.000. Die öffentliche Präsenz des Themas und der Menschen mit einer Autismusspektrumsstörung hat in den vergangenen Jahren deutlich zugenommen und weitet sich kontinuierlich aus. Es poppen temporär Hashtags und Blogs anlässlich eines Unbehagens oder Konflikts (z.B. zur Applied Behavior Analysis (ABA), einer umstrittenen autismusspezifischen Therapie im Kindesalter) auf, die aber nach geraumer Zeit dann auch mitunter wieder verwaisen. Eine aktuelle Bestandsaufnahme der vorhandenen Blogs und Vernetzungsstrukturen gibt es nach meinem Kenntnisstand noch nicht. Entsprechend unübersichtlich ist das Feld. Folglich gilt es erst noch zu erkunden, wie sich die Akteure zu den Affordanzen der Medien verhalten, insbesondere zu denen der digitalen Technologien, die häufig komplex, variabel und bisweilen auch versteckt sind.

Zillien (2008) veranschaulicht, inwieweit sich das Affordanzkonzept zur Analyse des wechselseitigen Bedingungs- und Ermöglichungsverhältnisses von tech-

1 Stand am 20.3.2016.

nischen Gegebenheiten und sich einspielenden Nutzungspraktiken einsetzen lässt. Es ist davon auszugehen, dass Menschen sich generell nicht von Techniken und all ihren Nutzungsvarianten determinieren lassen, geschweige denn diese umfänglich und grundsätzlich im Sinne des Gestalters auch zu nutzen wissen, sondern dass sie sich der Technik nur insoweit bemächtigen, wie es sie im Hinblick auf ihre Selbstbildung weiterbringt und nicht etwa einschränkt. Gerade am Anfang erfolgt die Aneignung wohl eher heuristisch, sind Individuen nicht immer auf die Folgen ihres kommunikativen Handelns vorbereitet und können sie die Konsequenzen öffentlicher Kommunikation im Netz mitunter noch nicht hinreichend abschätzen. So will auch ein partizipativer und emanzipatorischer Mediengebrauch im „Civic Web" (Banaji & Buckingham 2013) gelernt sein. Zunächst können die medialen Infrastrukturen nur als technische Ressourcen verstanden werden, die Partizipation im Sinne von Teilhabe und Mitbestimmung ermöglichen. Sie stellen die politische Artikulation und Interaktion, die Verwirklichung individueller und kollektiver Interessen in Aussicht (vgl. u.a. Gabriel 2015), aber ohne einer entsprechenden Befähigung zur Partizipation – etwa über eine demokratische Erziehung sowie dem Vorhandensein einer erlernten Urteils- und Handlungsfähigkeit – sind sie im Grunde erstmal wertlos. Die Affordanzen digitaler Medientechnologien sind – so lässt sich mit Zillien (2008, S. 5) festhalten – zum einen objektiv und gewissermaßen invariant. Sie existieren unabhängig der Interpretation und Einschätzung potentieller Akteure. Sie haben zum anderen aber einen subjektiven Charakter, in dem sie sich auf Handlungsmöglichkeiten der Akteure beziehen. Interessant für die hier vorzunehmende explorative Untersuchung ist, wie Medien und Akteure nun eine Beziehung eingehen. Gerade im Zusammenhang mit Subjektivierung und insbesondere des Empowerment marginalisierter Individuen und Gruppen mittels digitaler Medien gilt es, Praktiken der Unterwerfung und der Befreiung, der Autonomie und Heteronomie aufzuspüren, die ja eng miteinander verzahnt zu sein und sich in einem dynamischen Verhältnis zu befinden scheinen (vgl. Schachtner & Duller 2014).

3 Individuelles und kollektives Aufbegehren von Autisten im Netz

Seit geraumer Zeit lässt sich beobachten, dass sich Menschen mit Behinderungen und Stigmata über Blogs, Foren, dem Microblogging-Dienst *Twitter* und soziale Netzwerkplattformen zunehmend gegen soziale Benachteiligung, Diskriminierung, Stereotype und Unterdrückung empören und ihrem Unmut in vielfältiger Form Ausdruck verleihen. Kritik und Protest wird dabei sowohl zielgerichtet an

Verursacher und Verantwortliche als auch an ein unspezifisches Publikum adressiert. Betroffene überwinden über die digitalen Kanäle ihre Sprachlosigkeit und entwickeln eine Artikulationsfähigkeit, die man – so möchte ich behaupten – von ihnen so bisher nicht kannte und vielleicht auch nicht erwartet hat. Im Fokus des Interesses stehen Asperger- und andere Autisten, die über ihre besonderen Persönlichkeitsmerkmale, Beeinträchtigungen im Alltag und im Beruf, ihre familiäre Situation und andere Belange aufklären möchten und sich zugleich – zumeist anlassbezogen –gegen Ausgrenzung, Diskriminierung und Stigmatisierung auflehnen. Zu beobachten ist, dass sie sich in den vergangenen Jahren neben ihren Alltagserfahrungen auch über Presseberichte, Dokumentationen und Reportagen, die mitunter die Symptomatik verklären oder/und die Betroffenen stereotypisieren, öffentlich empört haben. So gelten etwa Menschen mit Aspergersyndrom als „einzelgängerisch", „empathieunfähig" und „perfektionistisch". Es wird suggeriert, sie würden über eine Spezial- oder Inselbegabung verfügen. Der Begriff des Autisten wird zudem als Schimpfwort benutzt. Diese und andere Phänomene veranlassten einige Autisten, öffentlich auf Medienstigmata im Zusammenhang mit der Diagnose Autismus aufmerksam zu machen und mit verschiedenen Netzkampagnen dagegen vorzugehen. Ihr Bestreben war und ist es weiterhin, Voreingenommenheiten, Vorurteilen und Missverständnissen etwas entgegenzusetzen, diese zu relativieren und zu revidieren. Gerade in vielen Blogeinträgen von Betroffenen wird herausgestellt, wie stark Klischees und Schubladendenken im gesellschaftlichen Bewusstsein verankert und wie leidvoll entsprechend die Erfahrungen der Autisten sind.

Die avisierte Mikrostudie orientiert sich am interaktionsethnologischen Vorgehen in Anlehnung an Goffman (1974) und versucht, digitale Praktiken, selektive Interdependenzgeflechte und Themendominanzen, die über ihre Verhandlungen auf (Self-)Empowerment verweisen, zu identifizieren. Ausgehend von einem Referenzaccount beim Microblogging-Dienst *Twitter* sind 882 Einträge, die im Zeitraum von Oktober 2010 bis September 2013 gepostet wurden, inhaltsanalytisch ausgewertet worden. Ferner sind die angewandten Formen und Strategien des Aufbegehrens, Vernetzungsstrukturen und Gegenreaktionen identifiziert worden. Eine zentrale Fragestellung lautete, welche Konsequenzen sich aus den kommunikativen Empörungspraktiken im Netz für Empowerment-Prozesse und etwaig zu modifizierende Partizipationsbemühungen ergeben.

3.1 Referenzaccount

Ausgangspunkt der Studie ist der Account @aspergerfrauen, den Sabine Kiefner im Oktober 2010 eingerichtet hat und der auch nach ihrem Tod am 25. November 2013 weiterhin online verfügbar ist. In ihrem Profil beschreibt sie sich als „Asperger-Autistin, Autorin und Mutter eines autistischen Sohnes. Bloggt zum Thema Autismus“. Zugleich verweist Sabine K. in der Profilanzeige auf ihren Blog *aspergerfrauen.wordpress.com*, den sie im Januar 2010 eingerichtet hat. Als Profilbild hat die 48-Jährige bei *Twitter* eine analoge Schwarzweiß-Fotografie aus ihrer Kindheit gewählt, das dem Betrachter ein verschüchtert blickendes, (eventuell in die Sonne) blinzelndes Mädchen in Nahaufnahme zeigt. Im Hintergrund sieht man eine flache Landschaft, die aufgrund der schlechten Bildqualität undeutlich bleibt. Das blonde Mädchen im Vorschul- oder Grundschulalter hat einen Pagenschnitt, trägt eine Brille und schaut leicht nach oben zu der Person, die sie ablichtet. Die Gesichtszüge sind eher ernst, der Mund leicht verzogen. In ihrem Blog, in deren Header sich ein ähnliches Bild befindet (Abb.2), schreibt Sabine K. am 11. Januar 2011, dass es ihr als Kind schwer fiel zu lächeln und sie selbst lächelnde Gesichter verunsichert haben.

Der Twitter-Account umfasst insgesamt 891 Einträge (Stand am 20.3.2016), von denen 882 am 3.12.2014 über REST-API (Twitter) erfasst wurden. Im aktiven Zeitraum von 35 Monaten ergibt das im Durchschnitt circa 25 Tweets inklusive Retweets pro Monat, also circa 6 in der Woche, die gepostet wurden. Der Name des Accounts @aspergerfrauen kann als programmatisch eingeschätzt werden, obschon der Plural darauf schließen lässt, dass die Autorin hier anwaltschaftlich, also stellvertretend für eine soziale Gruppe, agieren möchte. Der Accountname ist unique und auch posthum (noch) besetzt.

3.2 Plattformaktivitäten und Nutzungspraktiken

Unter Plattformaktivitäten sollen hier im Einklang mit Paßmann & Gerlitz (2016) die Optionen, die Plattformen Nutzern zur Interaktion anbieten, also etwa Retweet- und Fav-Buttons, verstanden werden. Auf deren Anordnung und Datentransaktionen haben die Nutzer in der Regel wenig Einfluss. Die Art und Weise, wie die Angebote bei Twitter verwendet werden, verweist auf die Nutzungspraktiken. Einen Tweet zu faven, kann verschiedene Gründe haben und muss nicht immer bedeuten, dass der Beitrag auf große Akzeptanz gestoßen ist. Wie Paßmann & Gerlitz herausgefunden haben, werden Tweets oftmals gefavt und dienen dem Leser bzw. der Leserin als Bookmark. Favs und Retweets können strategische Bedeutung haben, kommen einem Gabentausch oder auch einer Freundschaftsbekundung gleich. Es kann also nicht immer ohne weiteres auf das Motiv der Anwendung verschiedener Optionen des Dienstes geschlossen werden.

Der Account @aspergerfrauen beinhaltet 311 Tweets, 324 Retweets und 247 Replies, was insgesamt auf vergleichsweise rege Interaktionen hinweist. Von den 882 Einträgen sind 570 mit Links, keine mit Fotos versehen. Insgesamt konnten insgesamt 62 verschiedene Hashtags (in der Summe 520) gezählt werden (Abb.1.).

Hashtags	Gesamt (N= 520)
#Autismus	358
#autism	37
#EinfachSein	18
#Asperger	16
#Inklusion	9
#Blog	8
#BlogTalkRadio	6
Sonstige (1 bis max. 3 Nennungen)	68

Abb. 1 Häufigkeiten der verwendeten Hashtags

Mehrheitlich wird das Hashtag #Autismus oder auch #autism verwendet. In den ersten Wochen nutzt Sabine K. *Twitter* vorrangig um auf Artikel über Autismus, Autisten und Angehörigen von autistischen Kindern in verschiedenen Medien (u.a. Zeitungen, Zeitschriften) sowie Beiträge im Fernsehen und bei *YouTube* mit dem dazugehörigen Link hinzuweisen. Mehrfach wird auch das Blog Talk Radio erwähnt, wo Interviews mit der Autistin Taylor Morris und Mentorin Robin Rice zu finden sind. Nach kaum zwei Wochen beginnt Sabine K. über *Twitte*r auf ihre neuesten Blogeinträge hinzuweisen. Die Verschlagwortung im Blog fällt deutlich umfangreicher als auf *Twitter* aus, was sicherlich der 140-Zeichen-Grenze geschuldet ist, gleichwohl wird das Zeichenlimit oft von ihr nicht ausgereizt. Mit Blick auf die Akquise von Followern und Reichweitenerhöhung ist die monothematische Verschlagwortung allerdings strategisch eher ungünstig. Es wird nur das Hashtag #Autismus bei den Bloghinweisen genutzt, bisweilen fehlen hier auch Kennzeichnungen von Schlagwörtern. Von den 311 Tweets sind über ein Drittel Verlinkungen zu ihrem Blog, die mit kurzen, prägnanten Titeln durchaus Aufmerksamkeit generieren: „Wenn Hilfe zum Stressfaktor wird"[2], „Overload – Wenn die Hitze zu viel wird."[3], „Vom Abschied und der Nähelosigkeit"[4], „ZDF und Autismus – ich bin sauer."[5]. Auffällig ist, dass sie einige dieser ‚Blog-Tweets' und auch anderer Tweets mehrfach (bis zu dreimal) mit gewissem Zeitabstand postet (z.B. „Von Witzen und einem Humor, der anders ist"[6] und „Der Geruch von Butterbroten"[7]). Mitunter könnte die auf *Twitter* ausbleibende Resonanz vor allem in der Anfangszeit ihrer Twitter-Präsenz (keine Favs, wenig Retweets) ein Grund dafür gewesen sein. Noch immer wird – obwohl seit September 2013 keine Aktivtäten mehr erfolgen – das Blog von Sabine K. aufgesucht und verlinkt u.a. wenn in reichweitenstarken Medien Autismus Thema ist (wie etwa im Münsteraner Tatort „Schwanensee" im November 2015).

Wenn man die Nutzeraktivitäten auf Twitter mit denen des Blogs vergleicht, so erhält man den Eindruck, dass das Bloggen und die dazugehörigen ausführlichen Kommentierungen der Leser und Leserinnen der Autorin deutlich mehr zusagen. Blogkommentare muss sie freischalten und kann sie somit moderieren, die Kommunikationsdynamiken auf *Twitter* sind deutlich unberechenbarer und kaum zu kontrollieren. Nach zehnmonatiger Nutzung ist sie mit den überschaubaren Regeln auf *Twitter* offenbar noch nicht so recht vertraut, worauf ein Reply hindeutet. Eine Nutzerin hatte sie mittels dem Hashtag #ff weiterempfohlen, worauf sie antwortet: „Ich weiß gar nicht, was das #ff bedeutet, nehme an, dass es ein Gruß ist, den ich gerne erwidere[8]". Nachdem sie die betreffende Nutzerin über die Bedeutung des „follow friday" (#ff) aufgeklärt hat, räumt sie ein: „Danke dir für die Erläuterung. Mit diesen Abkürzungen kenne ich mich nicht aus. Deshalb twittere ich auch nicht gerne."[9]. Sie selbst macht vom Hashtag #ff nur indirekt einmal im Februar 2013 Gebrauch, indem sie einen Tweet retweetet, in welchem das Engagement eines engen Kontakts von ihr hervorgehoben wird: „#ff an @QuerDenkender der mit

2 https://aspergerfrauen.wordpress.com/2012/01/13/wenn-hilfe-zum-stressfaktor-wird/

3 https://aspergerfrauen.wordpress.com/2013/08/03/overload-wenn-die-hitze-zuviel-wird/

4 https://aspergerfrauen.wordpress.com/2011/07/03/vom-abschied-und-der-nahelosigkeit/

5 https://aspergerfrauen.wordpress.com/2013/02/19/zdf-und-autismus-ich-bin-sauer/

6 https://twitter.com/aspergerfrauen/status/10733713071542272

7 https://twitter.com/aspergerfrauen/status/8229171624943616

8 https://twitter.com/aspergerfrauen/status/99750306165952512. Hinweis: Tweets werden im Folgenden mit korrigierter Rechtschreibung wiedergegeben.

9 https://twitter.com/aspergerfrauen/status/99799045727465472

Beharrlichkeit und Einsatz gegen den Umgang mit #Autismus in Medien und Gesellschaft kämpft. Sehr lohnend."[10].

3.3 Netzwerk- und Beziehungscluster

Im März 2016 vermerkt Twitter 175 Accounts, denen Sabine K. folgt. Dies sind zu Lebzeiten sicherlich mehr gewesen, denn hin und wieder löschen Menschen und Institutionen ihren Account (oder werden gesperrt). Obwohl der Account verwaist, folgen ihm noch heute 375 Follower, darunter natürlich auch viele Sleeper. Die Autorin interagiert in ihrer aktiven Zeit auf *Twitter* mit etwa 130 Kontakten (inklusive Medien wie u.a. @BR_Ratgeber, @osthessennewsde, @spektrum_de, @SPIEGELONLINE, @zeitonline und @weltonline) oder erwähnt diese, wobei @QuerDenkender (136 Nennungen) hervorsticht. Er twittert und bloggt aus Sicht eines Autisten über Autismus. Seine Einträge auf dem Blog *Quergedachtes* finden mehrfach auf dem Account @aspergerfrauen Erwähnung. Auch kooperieren die zwei, wenn Medien oder Journalisten wegen ihrer Berichterstattung über Autismus und Autisten zu kritisieren sind. Beide nehmen großen Anteil an dem Engagement des anderen, schätzen, loben und ermutigen sich gegenseitig („@QuerDenkender Ja, bitte weiterschreiben. Ich lese deine Beiträge immer mit großem Interesse, vor allen Dingen die kritischen"[11].; „@QuerDenkender Ja, auf jeden Fall. Wenn wir selber nicht auf die Missstände aufmerksam machen, wer dann?"[12]). Wichtige Kollaborateure und Unterstützungspersonen, wenngleich sie nicht so häufig frequentiert werden wie @QuerDenkender, sind zudem @h4wkey3, @fotobus und @AutZeit, die alle jeweils auch ein eigenes Blog betreiben. Ihre Konversationen mit @aspergerfrauen deuten auf geteilte Betroffenheit und Erfahrungen, aber auch gegenseitige Anteilnahme hin. Direkt adressierte Ermutigungsnarrationen wie diese sind allerdings rar: „Auf jeden Fall weitermachen."[13]. Gleichwohl werden gemeinsame Ziele – vorrangig Aufklärung, offensives Stigma-Management und Medienkritik – deutlich und bestärken sich die Akteure in ihrem Handeln gegenseitig, indem sie sich für Infos und Blogeinträge sowie für ein ‚offenes Ohr' oder Richtigstellungen bedanken. Ebenso ist die geteilte Freude darüber, mit den verschiedenen Anliegen und Aktionen wahr- und ernstgenommen zu werden, ein erneuter Antriebsfaktor und stärkt das Gemeinschaftsgefühl. Über die Stabilität

10 https://twitter.com/AnthZeto/status/302524545921871872

11 https://twitter.com/aspergerfrauen/status/58260084001734656

12 https://twitter.com/aspergerfrauen/status/280417183392231424

13 https://twitter.com/aspergerfrauen/status/280738371888881664

und Verbindlichkeit der Interaktionen sowie der Netzstrukturen können hier anhand des vorliegenden Datenmaterials derzeit kaum Aussagen getroffen werden. Knappe Dialoge deuten selektiv auf missverständliche Äußerungen, Verletzbarkeiten, Kritik und/oder Konversationsabbrüche hin („@meleksgrafitto Was mir zu reichen hat, entscheide ich. Egal, wie groß du das „hat" schreibst. Und ich beende die Diskussion jetzt."[14]).

3.4 Issues und Resonanzen

Bedingt durch sich verändernde Medienöffentlichkeiten und neue Optionen der Partizipation – wie über *Twitte*r und/oder eigenständige Blogs – ist es möglich, seitens des Publikums mit eigenen Mitteln und Ausdrucksformen öffentlich Kritik zu äußern und Gegenöffentlichkeiten zu generieren. Die Kritik der Stigmatisierten kann je nach Schwere- und Skandalisierungsgrad wiederum eine kleinere oder größere Öffentlichkeit erreichen und mitunter die Verantwortlichen in Erklärungsnot bringen. Zugleich sind die Betroffenen respektive Stigmatisierten angreifbar, Anfeindungen und Gegenreaktionen sind nicht ausgeschlossen. Insofern ist von Interesse, welche Themendominanzen der Account @aspergerfrauen aufzuweisen hat und welche Issues welche Resonanz erfahren. Orientierungsgröße sind hier vor allem Favs, Retweets und Replies sowie auch die Reichweiten der Kommunikate über die Twitter-Community hinaus.

In chronologischer Perspektive scheint das primäre Anliegen von Sabine K. zunächst Aufklärung über Autismus gewesen zu sein. Sie weist anfänglich auf Projekte mit und für Autisten hin, Podcasts und *YouTube*-Videos, in denen Autisten aus ihrem Leben und von ihren Erfahrungen berichten, auf Zeitungsartikel, die über Trainings, Therapien und Bildungsprogramme für autistische Kinder und Jugendliche sowie Erwachsene informieren. Sie gibt Film- und Buchempfehlungen. Nach nur kurzer Zeit beginnt sie, vermehrt auf ihren Blog hinzuweisen, wo sie sich mit der Diagnose, die sie erst im November 2009 erfuhr, ihren Kindheitserlebnissen und vor allem der Alltagsbewältigung auseinandersetzt. Im April 2011 beschwert sie sich mit einem Tweet erstmals direkt beim *Bayrischen Rundfunk* (BR), der in einem Beitrag Autismus als geistige Behinderung einstuft. In einem weiteren Tweet wehrt sie sich gegen die Behauptung, Autisten seien „gefühlsblind". Drei Follower unterstützen diese Initiative und bestärken Sabine K. in ihrer Kritik. In der Folge hat es den Anschein, dass sich einige Betroffene gegenseitig im Hinblick auf eine diskriminierende, stereotypisierende Berichterstattung sensibilisieren.

14 https://twitter.com/aspergerfrauen/status/334955377944825856

Seither wird vermehrt über den Account von Sabine K. auf entsprechende Artikel und TV-Beiträge[15] oder wiederum auch auf Blogeinträge anderer (u.a. von „Realitätsfilter"), in denen Medienberichte kritisch aufgearbeitet werden, hingewiesen.

Ich bin Autistin – Asperger-Syndrom bei Frauen ~

Autismus aus der Sicht einer Betroffenen

15
Samstag
Dez 2012

Mein Name ist Sabine und ich bin keine Massenmörderin (Ein Statement zur Medienberichterstattung)

Abb. 2 Blogpost (Ausschnitt) vom 15.12.2012 zur Kritik an der Medienberichterstattung zum Amoklauf in Newtown am 14.12.2012

Autismus diente in einigen Medienberichten als Erklärungsmuster für den Amoklauf in Newtown. Besonders empörend wurde der Beitrag auf Spiegel Online (SPON) vom 15.12.2012 von Autisten empfunden mit dem Titel „Asperger-Syndrom: Blind für die Emotionen anderer Menschen" (von Cinthia Briseño). Diese Analogie veranlasste einige Asperger-Autisten öffentlich auf das Medienstigma aufmerksam zu machen und kampagnenartig dagegen vorzugehen. Der Blogpost, auf den Sabine K. über *Twitter* aufmerksam machte, verbreitete sich schnell und erreichte – vermutlich nicht zuletzt wegen der reißerischen Schlagzeile „Mein

15 Leider lassen sich die Beiträge nicht mehr alle in den Archiven finden und online abrufen.

Name ist Sabine und ich bin keine Massenmörderin"[16], die noch dazu mit der visuellen Rahmung eines ‚unschuldigen Kindes' eine Schockwirkung erzeugte, verschiedene Medienöffentlichkeiten. Zum Zeitpunkt der Erhebung verzeichnete der dazugehörige Tweet 32 Favs und 88 Retweets. Zugleich wurde der Beitrag vielfach verlinkt, der Blogpost 115 Mal kommentiert. Ein Nachhall mit selbigem Titel wurde in der *Frankfurter Rundschau* am 17.12.2012 publiziert. In der SPON-Ausgabe vom 18.12.2012 reagierte man auf die Kritik von Verbänden und Bloggern, indem man sie gebündelt öffentlich machte. Obwohl es an expliziter Selbstkritik und einer Entschuldigung der Verantwortlichen fehlte, wurde dieser Schritt von Sabine K. und anderen als Erfolg verbucht (u.a. in ihrem Blogpost „Wir sind laut geworden – Reaktionen auf die Medienberichterstattung"[17] vom 18.12.2012).

Ein weiteres wiederkehrendes Ärgernis ist aus Sicht der Autisten die Attribution „Autist" oder „austistisch" in journalistischen und politischen Kontexten, in denen es gar nicht um das Syndrom sondern um charakterliche Zuschreibungen und bisweilen Beschimpfungen geht. Zu beobachten ist, dass Autismus zu einem Modewort avanciert, man sich im Journalismus gängiger Klischees und Vorurteile über Autisten bedient, um Menschen ein Negativ-Image zu ‚verpassen'. In einem Offenen Brief an den Journalisten Stefan Niggemeier beklagen sie seinen unbedarften Umgang mit dem Begriff, den er in folgendem Tweet verwendet, um das TV-Duell zwischen der Bundeskanzlerin Angela Merkel und ihrem Herausforderer Peer Steinbrück zu kommentieren: „Ich mag, dass die Moderatoren ihren Widerwillen über diese beiden Autisten nicht mehr verbergen. #tvduell" (vom 1.9.2013)[18]. Niggemeier reagiert prompt auf den Brief, räumt ein, „blöd" und „gedankenlos" gehandelt zu haben, und bedankt sich für die Sensibilisierung und merkt abschließend an: "Das Traurige ist: Ich hätte gewettet, dass ich diese Art von Sensibilisierung wirklich nicht nötig hätte."[19].

Diese Art von Erfolgen sind zweifellos wichtige Bausteine beim Aufbau eigener Stärke und tragen zum Autonomiegewinn bei. Sie verdeutlichen die individuelle und kollektive Gestaltungskraft und den Machtzuwachs der Akteure. Sie ermutigen die Marginalisierten, Gegen-Narrative im hegemonialen Mediendiskurs zu entwickeln, zu formulieren und zu verbreiten, die schrittweise zur Entstigma-

16 https://aspergerfrauen.wordpress.com/2012/12/15/mein-name-ist-sabine-und-ich-bin-keine-massenmorderin/

17 https://aspergerfrauen.wordpress.com/2012/12/18/wir-sind-laut-geworden-reaktionen-auf-die-medienberichterstattung/

18 https://aspergerfrauen.wordpress.com//?s=NIggemeier&search=Los

19 http://blog.geekgirls.de/mela/archives/200-Offener-Brief-an-Stefan-Niggemeier.html#c1264

tisierung beitragen könn(t)en. Doch ihr kommunikatives Engagement und Aufbegehren auf *Twitter* und über ihre Blogs trifft auch auf Widerstände. So berichten einzelne Kontakte von Sabine K. und auch sie selbst von anonymen Briefen, die sie erhalten haben und in denen man ihre Medienkritik nicht nachvollziehen könne und offenbar für übertrieben halte. Ein anonymer Schreiber forderte @autzeit auf, sie solle sich besser um frühkindliche Autisten in den Heimen kümmern anstatt die Medien zu attackieren.

4 „I may not fit into the world, but I fit into the internet"[20]

Es ist zu wünschen, dass die Akteure mit ihrem öffentlichen Aufbegehren Inklusionsprozesse in der Gesellschaft in Gang setzen und ihre Bemühungen dazu beitragen, Vorurteile abzubauen und Stigmatisierungen zu vermeiden. Ihre Partizipationsanstrengungen reihen sich aus meiner Sicht in die Imperative der Gegenwart ein. Als souveränes Individuum gilt es, auf Basis der eigenen Handlungsfähigkeit und mittels der vorhandenen Ressourcen initiativ zu werden. Die hier untersuchten Dienste und Infrastrukturen scheinen für einige Autisten geeignet zu sein, um verschiedene Anliegen und vor allem ihr Unbehagen im Alltag und in der Gesellschaft zu kommunizieren und zu managen. Sie repräsentieren nicht *die* Gruppe an Menschen mit Autismusspektrumsstörung, sondern stehen für die wenigen Autisten, die sich in die (mediale) Öffentlichkeit wagen. Sabine K. hat ihren Blog als Buch mit dem Titel „Freude ist wie ein großer Hüpfball in meinem Bauch" 2012 veröffentlicht und ist damit auch auf Lesereise gewesen. Auf *Twitter* kündigt sie einige der Termine an und nutzt den Dienst insofern auch als Public Relations. Sie freut sich über ein interessiertes Publikum und die Anerkennung, die ihr mit ihrem Blog und ihrem Buch widerfährt. Die von ihr genutzten Dienste und Infrastrukturen ‚matchen' weitestgehend in ihrem Sinne und ihre Aktivitäten tragen sowohl zur Lebensbewältigung als auch zur Selbstbildung bei. Je mehr positive, bestärkende Resonanz sie erfährt, die ihr Selbstvertrauen geben, umso couragierter werden die Partizipationsbestrebungen und Empörungspraktiken im Netz.

Die sozial- und medienwissenschaftliche Forschung zum persönlichen und politischen (Self-)Empowerment von Menschen mit Autismusspektrumsstörung steht noch am Anfang, aber einiges deutet daraufhin, dass ausgewählte media-

20 Zitat von Willow Hope, einer jungen Frau mit Asperger-Syndrom. Diese Äußerung findet sich auf der Beschreibungsseite ihres YouTube-Channels, den sie im Jahr 2008 eingerichtet hat und der im März 2013 über 4000 Abonnenten zählt. Siehe https://www.youtube.com/user/WillowMarsden/about

le Infrastrukturen so genutzt werden können, dass sie die „civic agency" sowie gegenhegemoniale Praktiken befördern und ein „discursive empowerment" (Gabriel 2015, p. 25) erlauben.

Literatur

Alkemeyer, Thomas, Budde, Gunilla & Freist, Dagmar (2013). Einleitung. In: T. Alkemeyer, G. Budde, D. Freist (Hrsg.), *Selbst-Bildungen. Soziale und kulturelle Praktiken der Subjektivierung*. Bielefeld: transcript, S. 9–30.

Antonovsky, Aaron (1987). *Unraveling the mystery of health. How people manage stress and stay well.* San Francisco: Jossey-Bass.

Banaji, Shakuntala & Buckingham, David (2013). *The Civic Web. Young People, the Internet and Civic Participation.* Cambridge, Massachusetts: The MIT Press.

Bröckling, Ulrich (2007). *Das unternehmerische Selbst. Soziologie einer Subjektivierungsform.* Frankfurt/Main: Suhrkamp.

Bröckling, Ulrich (2004). Empowerment. In U. Bröckling, S. Krasmann & T. Lemke (Hrsg.), *Glossar der Gegenwart.* Frankfurt/Main: Suhrkamp, S. 55–62.

Bröckling, Ulrich (2003). You are not responsible for being down, but you are responsible for getting up. Über Empowerment. In: *Leviathan*, 31. Jg., H. 3, S. 323–344

Franck, Georg (1998). *Ökonomie der Aufmerksamkeit. Ein Entwurf.* München/Wien: Carl Hanser.

Gabriel, Deborah (2015). Alternative Voices, Alternative Spaces: Counterhegemonic Discourse in the Blogosphere. In E. Thorsen, D. Jackson, H. Savigny & J. Alexander (Hrsg.), *Media, Margins and Civic Agency.* London/New York: Palgrave Macmillan, pp. 15–28.

Goffman, Erving (1974). *Das Individuum im öffentlichen Austausch. Mikrostudien zur öffentlichen Ordnung.* Frankfurt/Main: Suhrkamp.

Herriger, Norbert (1997). *Empowerment in der Sozialen Arbeit. Eine Einführung.* Stuttgart: Kohlhammer.

Honneth, Axel (1995). *Desintegration. Bruchstücke einer soziologischen Zeitdiagnose.* Frankfurt/Main: Fischer.

Kieffer, Charles H. (2013, im Org. 1984). Citizen empowerment. A developmental perspective, In: J. Rappaport, C. Swift & R. Hess (Hrsg.), *Studies in empowerment. Toward understanding and action.* London/New York: Routledge, pp. 9–36.

Kiefner, Sabine (2012). *Freude ist wie ein großer Hüpfball in meinem Bauch: Aus dem Alltag einer Autistin.* Saarbrücken: Bloggingbooks.

Reckwitz, Andreas (2013). *Die Erfindung der Kreativität. Zum Prozess gesellschaftlicher Ästhetisierung.* 3. Aufl, Frankfurt/Main: Suhrkamp.

Schachtner, Christina/Duller, Nicole (2014). Kommunikationsort Internet. Digitale Praktiken und Subjektwerdung. In: T. Carstensen, C. Schachtner, H. Schelhowe R. Beer (Hrsg), *Digitale Subjekte. Praktiken der Subjektivierung im Medienumbruch der Gegenwart.* Bielefeld: transcript, S. 81–154.

Schulze, Gerhard (2003). *Die beste aller Welten. Wohin bewegt sich die Gesellschaft im 21. Jahrhundert?* Frankfurt/Main: Fischer.

Swift, Carolyn/ Levin, Gloria (1987). Empowerment. An emerging mental health technology. In: *Journal of Primary Prevention*, Vol. 8, Issue 1–2, pp. 71–94.

Theunissen, Georg (2014). *Der Umgang mit Autismus in den USA. Schulische Praxis, Empowerment und gesellschaftliche Inklusion. Das Beispiel Kalifornien*. Stuttgart: Kohlhammer.

Theunissen, Georg & Paetz, Henriette (2011). *Autismus. Neues Denken – Empowerment – Best-Practice*. Stuttgart: Kohlhammer.

Veith, Hermann (2004). Die Subjektbegriffe der modernen Sozialisationstheorie. In M. Grundmann & R. Beer (Hrsg.), *Subjekttheorien interdisziplinär: Diskussionsbeiträge aus Sozialwissenschaften, Philosophie, Neurowissenschaften*. Münster. Lit., S 9–35.

Zillien, Nicole (2008). Die (Wieder-)Entdeckung der Medien. Das Affordanzkonzept in der Mediensoziologie. In: *Sociologia Internationalis*. 46. Jg., H. 2, S. 161–181.

Internetquellen

Haskell, Myrna Beth (2012). Girls On The Spectrum: Defining the Unique Characteristics of Girls with Asperger's Syndrome. Online abrufbar unter http://www.littlerockfamily.com/post/31669/girls-on-the-spectrum-defining-the-unique-characteristics-of-girls-with-aspergers-syndrome

Paßmann, Johannes & Gerlitz, Carolin (2016). ‚Good' platform-political reasons for ‚bad' platform-data. In pop-zeitschrift.de, Online-Angebot der Zeitschrift Pop. Kultur und Kritik. Abrufbar unter http://www.pop-zeitschrift.de/2016/01/04/good-platform-political-reasons-for-bad-platform-datavon-johannes-passmann-und-carolin-gerlitz4-1-2016/

YouTuber als Gatekeeper?

Empirische Analysen zum Partizipationspotential von Online-News-Videos im Vergleich zu klassischen Fernsehnachrichten

Hektor Haarkötter

1 Einleitung: YouTube ist das neue Fernsehen

Das Phänomen YouTube hat in bestimmten Zielgruppen und Alterskohorten das herkömmliche Fernsehen als Bewegtbildlieferant beinahe abgelöst. Laut der Jugendmedienstudie JIM sind Smartphones und Internet heute vor dem Fernsehen die von Jugendlichen präferierten Medien (JIM 2015, S. 12). YouTube-Multichannel-Netzwerke wie die Kölner Firma Mediakraft erzielen mit 500 Mio. Zugriffen im Monat so hohe Klickraten wie die ZDF-Mediathek im ganzen Jahr (Krachten 2015; Kneissler 2015). Die „Generation YouTube" scheint klassischer Mediennutzung gegenüber fast immunisiert, während laut ARD-ZDF-Onlinestudie der Online-Video-Konsum gerade bei Jugendlichen und jungen Erwachsenen unter 29 Jahren schon habitualisiert erscheint (Kupferschmitt 2015, S. 383). Dieser Effekt wird noch unterstützt durch das relativ neue Phänomen der Medienparallelnutzung. Dieses auch als „Medienmultitasking" bezeichnete Erscheinung verstärkt die soziale Funktion der Mediennutzung: Mediennutzung hat sich, jedenfalls in entsprechenden Altersgruppen, nicht nur von der *one-to-many-communication* zur *many-to-many-communication* transformiert, sondern ist auch eingebettet in einen Medienverbund aus teils verbundenen Einzelmedien, in und mit denen auch, aber nicht nur über und mit Medieninhalten interagiert wird (Best und Breuning

2011, S. 16; Busemann und Tippelt 2014, S. 408). Mit den Partizipationsmöglichkeiten, die sich dadurch für den Rezipienten ergeben, reiht sich das Phänomen YouTube in den größeren Zusammenhang des „social TV" ein. Dieses definiert Goldhammer als „TV bezogene Nutzung von Social Media-Plattformen", die „über eine soziale Austauschfunktion verfügen" (Goldhammer et al. 2015, S. 13).

Das hat nicht nur medientheoretisch, sondern auch demokratietheoretisch Folgen. Denn insofern YouTube in bestimmten Alterskohorten an die Stelle klassischer Medien getreten ist, wäre zu fragen, ob die Videoplattform auch die klassischen Funktionen des Mediums übernommen hat. Nach Beck (2010, S. 95ff.) zählen dazu neben der sozialen Funktion (zu der auch die Unterhaltung bzw. Rekreation zählen) vor allem auch die Bildungs-, ökonomische, die Informations- und politische Funktion. Gerade die beiden letzteren haben für die demokratische Gesellschaft eine Bedeutung, die den sonst in Medienzusammenhängen gebräuchlichen Begriff der Partizipation in erheblichem Maße transzendieren. Denn gesellschaftliche Partizipation ist „in modernen und ausdifferenzierten Gesellschaften ohne Medien nahezu unmöglich" (Beck 2010, S. 99). Die Informationsfunktion der Medien soll gewährleisten, dass die Rezipienten über genügend Weltwissen verfügen, um die für sie relevanten Entscheidungen treffen zu können. Die politische Funktion soll neben der Herstellung von Öffentlichkeit und der damit einhergehenden Übernahme von Kontrollaufgaben zur gesellschaftlichen Artikulation beitragen (Forumsfunktion), zur kollektiven Willensbildung beitragen (Korrelationsfunktion) sowie die Politikvermittlung übernehmen. Gerade das deliberative Demokratiemodell begreift „die politische Öffentlichkeit als Resonanzboden für das Aufspüren gesamtgesellschaftlicher Probleme und zugleich als diskursive Kläranlage, die aus den wildwüchsigen Prozessen der Meinungsbildung interessenverallgemeinernde und informative Beiträge zu relevanten Themen herausfiltert" (Habermas 2008, S. 144).

Kann YouTube hier mithalten? Können YouTube-News-Kanäle, wie Christoph Neuberger und Thorsten Quandt in Zusammenhang mit der Blogosphäre gefragt haben, „funktionale Äquivalente zum professionellen Journalismus" sein (Neuberger und Quandt 2010, S. 70)? Entwickelt sich gar mittels YouTube, wie Burgess und Green (2009, S. 78) mutmaßen, eine neue „participatory culture", in der sich eine neue „cultural citizenship" manifestiert? Wenn ermittelt werden soll, ob eine Medienplattform wie YouTube im genannten Sinne zur gesellschaftlichen Teilhabe einlädt oder befähigt, müssen die verschiedenen (gesellschaftlichen) Partizipationsformen differenziert werden. Hierbei greift man am besten auf das Instrumentarium der sogenannten *Political Action*-Studie zurück (Barnes et al. 1979, S. 29ff.). Barnes unterscheidet insbesondere „konventionelle" Partizipation, also beispielsweise die Mitwirkung in einer politischen Partei, von „unkonventionellen" Beteiligungsformen, also problemspezifisches und zeitlich befristetes Engagement wie in einer Bürgerinitiative. Daneben treten, gerade bei einer jungen Zielgruppe, noch schulisches bzw. universitäres sowie kommunikatives Engagement, also die Beteiligung an öffentlichen Diskussionen (vgl. Tenscher und Scherer 2012, S. 166). Letzteres, also das kommunikative Engagement, deckt sich am ehesten mit dem im Medien- und Social Media-Diskurs gebräuchlichen Partizipationsbegriff: Standpunkte austauschen, die Standpunkte anderer kommentieren und ein Forum des Meinungsaustauschs herstellen, dafür scheinen Social Media *prima facie* wie geschaffen (Haas 2015, S. 28). Ob aber YouTube funktional dazu beitragen kann, junge Medienkonsumenten zu konventioneller oder unkonventioneller gesellschaftlicher Partizipation anzuregen, hängt auch davon ab, ob diese Plattform als *gatekeeper* und *agendasetter* den Fokus der Aufmerksamkeit der entsprechenden Teilöffentlichkeit auf gesellschaftlich relevante Themen lenken kann (Schiewe 2004, S. 278) oder ob es sich bei dem „demokratischen, dialogischen und partizipatorischen Potential des Internets" nicht vielmehr, wie Kurt Imhof fragt, um einen „Mythos" handelt (Imhof 2015, S. 15).

Damit rücken insbesondere News-Angebote auf YouTube ins Visier des wissenschaftlichen Interesses, denn das nachrichtliche Angebot eines Mediums macht den Kernbestand der gesellschaftlich relevanten Information aus, über die sich eine Gesellschaft auch (selbst-) vergewissert (Beck 2010, S. 98; Schwiesau und Ohler 2003, S. 12; Kovach und Rosenstiel 2007, S. 186). Es ist also zu fragen, in welcher Form überhaupt gesellschaftlich relevante Nachrichten auf der Onlineplattform YouTube zu empfangen sind, welche Themen dort ins Zentrum der Berichterstattung rücken, ob diese Themen nach journalistischen Routinen gewonnen und verarbeitet werden und ob dieses Angebot damit ein Äquivalent zu klassischen Nachrichtenpräsentationsformen wie etwa einer Fernsehnachrichtensendung darstellen kann. Dem soll im weiteren nachgegangen werden.

2 Nachrichten auf YouTube: Eine empirische Erhebung

2.1 Methodisches Vorgehen

Um Antworten auf die Forschungsfragen zu erhalten, wurde ein mehrstufiges Untersuchungsdesign entworfen. In einer Sekundäranalyse wurden bestehende, vor allem quantitative Untersuchungen zum Nachrichtenaufkommen auf YouTube, zu Rezeptionsgewohnheiten der jungen Zielgruppe (14- bis 29-jährige) sowie zu einzelnen bestehenden Angeboten ausgewertet. In einem zweiten Schritt wurden mit einer quantitativen Inhaltsanalyse drei nachrichtlich und informationell orientierte deutschsprachige YouTube-Kanäle („LeFloid", „Philipp Steuer", „Was geht ab") untersucht und mit einem typischen Nachrichtenangebot der ARD-Tagesschau verglichen. Die Tagesschau wurde dabei als paradigmatische Fernsehnachrichtensendung ausgewählt, die mit ihrem Sendebeginn im Jahr 1952 in Deutschland die erste ihrer Art war (Hickethier 1998, S. 77) und im Positiven (vgl. die Beiträge in Sternburg 1995) wie im Negativen (von Rossum 2007) als Matrize für das Genre allgemein dient. Ulrich Schmitz spricht von der Tagesschau gar als „postmoderne Concierge" und macht sie damit anschlussfähig an die poststrukturalistischen und medienwissenschaftlichen Diskurse seit den 1980er-Jahren (Schmitz 1990, S. 269). Dabei wurde insbesondere nach der Themenvielfalt, der Präsentationsform, dem Umfang der Berichterstattung und der Rubrizierung, also der Einteilung nach klassischen Journalismusressorts, gefragt. Im dritten Schritt wurden Leitfadeninterviews mit einigen Machern der genannten YouTube-Kanäle (Marius Stolz, Arne Fleckenstein, Christoph Krachten) geführt. Das Gespräch mit Christoph Krachten, dem Gründer des Multichannel-Networks Mediakraft und Betreiber des YouTube-Kanals „Clixoom", wurde am 12.01.2015 im Rahmen einer Hochschullehrveranstaltung geführt. Das Interview mit Arne Fleckenstein und Marius Stolz vom YouTube-Kanal „Was geht ab" wurde am 02.09.2015 durchgeführt.

2.2 News-Aufkommen auf YouTube

Seit dem ersten Upload eines Videos („Me at the zoo", Karim 2005) durch YouTube-Mitbegründer Jawed Karim haben sich die Darstellungsformen auf dieser Videoplattform erheblich diversifiziert. Wie in Tabelle 1 zu sehen, haben sich einige Typen oder Rubriken herausgebildet, die als besonders populäre Typen von YouTube-Videos gelten können (Krachten und Hengolt 2011, S. 29). Es handelt sich bei diesen genuinen YouTube-Formaten häufig um deviante Medienpraxen, die zwischen Zerstörung, Intervention, Automatismus, Wiederholung und Nachahmung oszillieren und häufig vor allem auch in Medienrecycling münden (Marek 2013, S. 140).

YouTube-Video-Rubriken:	
Let's-Play-Videos	Anderen beim Computerspielen zusehen
Tutorials und DIY (Do-It-Yourself)	Anleitungen und Service
Sport und Action	Outdoor- und Indoor-Aktivitäten jeder Art (häufig mit Actioncam gefilmt)
Musik	Musikdarbietungen und Videos über Musiker
News und Information	Lebensweltliche und gesellschaftliche Information
Fashion und Beauty	Mode- und Schminktipps
Vlogs	Tagebuchartige und bekenntnishafte Aufzeichnungen
Let's eat	Vor der Kamera exotische Lebensmittel verspeisen
Unboxing	Päckchen auspacken

Tab. 1 YouTube-Video-Rubriken (Quelle: Kneissler 2015 und eigene Darstellung)

Nachrichten kommen auf YouTube auf unterschiedliche Weise zu den Rezipienten. Viele klassische Medienunternehmen und Fernsehsender laden ihre Nachrichtensendungen oder Auszüge bzw. Beiträge daraus in eigene YouTube-Kanäle hoch, so zum Beispiel auch die ARD-Tagesschau. Daneben bietet YouTube selbst einen Nachrichtenkanal, auf dem sich Videos aus deutschen und internationalen Quellen befinden (#Nachrichten). Es gibt aber auch genuine YouTube-Channels, die Nachrichten und Information in YouTubetypischer Form präsentieren. Beim Multichannel-Netzwerk Mediakraft besteht dafür der Geschäftsbereich TIN (= „the info network") neben dem „Comedynet", „Magnolia" (beauty, fashion. Lifestyle), „Plexus" (Gaming) und „Hometown" (Musik).

Sieht man sich in Tabelle 2 das Ranking der meistabonnierten deutschsprachigen YouTube Kanäle an, sieht man das enorme Zuschauerpotential, das YouTube-Videos mittlerweile entwickelt haben. Abruf- und Abozahlen können sich in einem einzigen Monat auf Millionen belaufen.

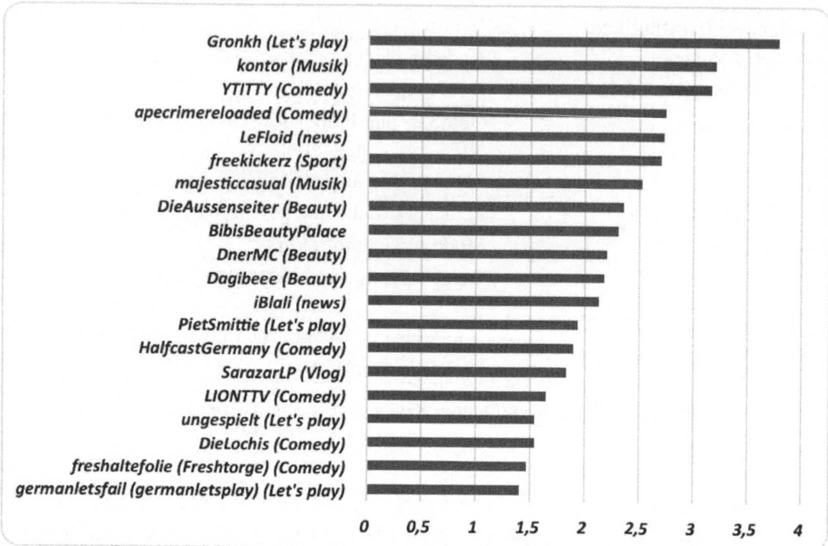

Tab. 2 Meistabonnierte deutschsprachige YouTube-Kanäle (Quelle: Socialblade, VidStatsX, Meedia, eigene Darstellung)

Unter den zwanzig populärsten Kanälen finden sich, wie in Tabelle 3 zu sehen, immerhin zwei, die zur Rubrik News und Information zu zählen sind. Dieser Bereich ist im Übrigen der am schnellsten wachsende unter den deutschen YouTube-Kanälen (Krachten 2015). Der YouTuber LeFloid (bürgerlich Florian Mundt) produziert auf seinem Kanal zweimal wöchentlich selbstmoderierte Videos in seiner Reihe „LeNews". LeFloid ist einer der wenigen YouTuber, die auch durch konventionelle oder klassische News-Medien Bekanntheit erlangt haben. Als erster YouTuber überhaupt führte LeFloid am 11.06.2015 ein exklusives Interview mit der deutschen Bundeskanzlerin Angela Merkel, auch wenn dieses Ereignis von etablierten Berufsvertretern etwas hämisch als „[e]in Pennäler im Kanzleramt" kommentiert wurde, das nur zeige, dass „die etablierte Politik für junge Leute zu einer fremden Welt geworden ist (Lübberding 2015). Er stellte dabei Fragen der YouTube-Community, die zuvor unter dem Hashtag #NetzFragtMerkel eingereicht werden konnten.

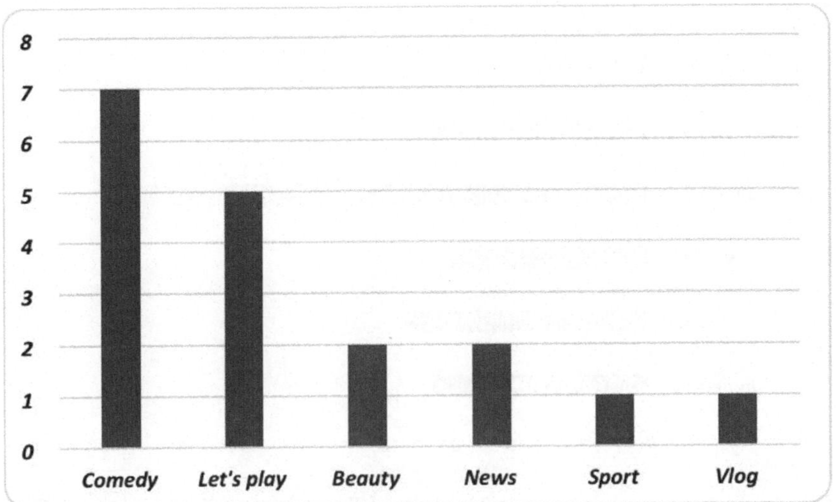

Tab. 3 Rubriken (Quelle: eigene Darstellung)

Der andere News-YouTuber, der es in die Top 20 der deutschsprachigen YouTube-Kanäle schaffte, ist iBlali (bürgerlich Viktor Roth). Seine Popularität erklärt sich zum Teil auch dadurch, dass er in seinem YouTube-Kanal vor allem News aus dem Computer- und Spielesektor verbreitet. Die Rubrik „Let's Play" nimmt ja den zweiten Platz im Ranking der meistabonnierten YouTube-Kanäle ein. Daneben widmet sich iBlali aber auch zunehmend allgemeinen gesellschaftlichen Themen (Herbort 2014).

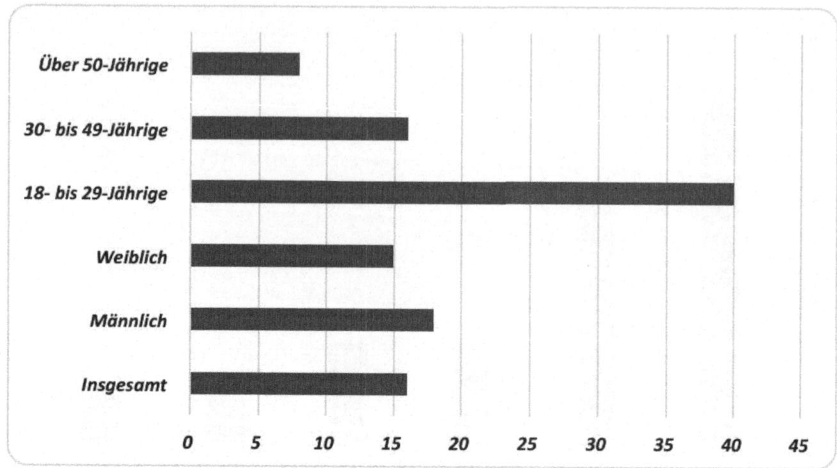

Tab. 4 Tägliche YouTube-Nutzung (Quelle: Socialblade, VidStatsX, Meedia, eigene Darstellung)

Wie stark YouTube-Rezeption heute schon unter Jugendlichen und jungen Erwachsenen verbreitet ist, demonstriert Tabelle 4: 40 Prozent aller 18–29-Jährigen rezipieren täglich Inhalte auf der Online-Videoplattform. Dass sie dabei auch Teile ihres Weltwissens und des Wissens über gesellschaftliche und politische Zusammenhänge über YouTube aufschnappen, erklärt sich aus den hohen Abo- und Abrufzahlen der YouTube-Kanäle aus dem News-Bereich. Welche Inhalte dabei auf welche Weise aufbereitet werden, soll im nächsten Schritt der Analyse betrachtet werden.

2.3 Empirische Analyse von News-Kanälen auf YouTube

Bei der empirischen Analyse der YouTube-News-Kanäle stand im Mittelpunkt die Frage, ob überhaupt eine nennenswerte Zahl von „hard news" thematisiert wurde und wenn ja, in welcher Weise und in welchem Umfang. Dazu wurden die einzelnen behandelten Themen nach den klassischen journalistischen Ressorts (Politik, Wirtschaft, Wissenschaft, Sport, Panorama, Service (Wetter) rubriziert und diesen die Werte „hard news" oder „soft news" zugeordnet. Politik, Wirtschaft und Wissenschaft werden dabei als „hard news" codiert, während Sport, Panorama und Service (Wetter) als „soft news" codiert werden. Das widerspricht zwar etwas der Eigenklassifizierung der deutschen Fernsehsender, die gerade Sport zur Information und damit eher zu den „hard news" zählen, entspricht aber dafür dem Rezeptionshabitus des Publikums, das Sportthemen hauptsächlich zur Unterhaltung konsumiert (vgl. Hickethier 1998, S. 376f.; Heinrich 2013, S. 152; Trebbe et al. 2015, S. 14).

Es wurden jeweils die zum Stichtag fünf aktuellsten YouTube-Videos der Kanäle „LeFloid", „Philipp Steuer" und „Was geht ab" erhoben und ausgewertet. Als Referenzgröße wurden die Einzelausgaben der ARD-Tagesschau einer werktäglichen statistischen Woche zwischen dem 06.07. und 07.08.2015 analysiert und dagegengehalten.

Alle analysierten Aufzeichnungen haben einen universellen journalistischen Anspruch, das heißt, sie sind nicht monothematisch, sondern decken in jeder Ausgabe ein breites Spektrum an Themen aus den verschiedenen Ressorts ab. Allerdings divergieren Länge und Umfang der einzelnen Videos bzw. Sendungen stark: Während die 20-Uhr-Ausgabe der ARD-Tagesschau regelmäßig knapp 15 Minuten dauert, sind die YouTube-Videos zwischen knapp vier und sieben Minuten lang. Wenn wir Informationen auf der einfachsten Ebene als den propositionalen Gehalt der getätigten Aussagen definieren, hängt die Informationsdichte proportional von der Dauer des Programms als Menge der möglichen artikulierbaren Aussagen ab, kurz: YouTuber können in ihren News-Beiträgen aufgrund der kürzeren Dauer weniger Information unterbringen als die Fernsehnachrichtensendung.

Wie in Tab. 5 zu sehen, ist die Verteilung von „hard news" und „soft news" recht unterschiedlich. Auch die ARD-Tagesschau hat im untersuchten Zeitraum einen gehörigen Teil an „soft news" gebracht, nämlich 15, und damit mehr als jeder der YouTube-News-Kanäle, allerdings auch bei deutlich längerer Sendezeit. Grundsätzlich sind immer mindestens die ersten Beiträge der Tagesschau aus den Ressorts Innen- oder Außenpolitik, gefolgt von Wirtschaft. Wenn es in der Tagesschau „soft news" gibt, die nicht aus dem Sport stammen, so stehen sie immer im letzten Drittel der Sendung. Hier findet man dann Filme über Hitzerekorde im Sommer (06.07.2015), das Rockfestival in Wacken (30.07.2015) oder sogar auch mal einen Film über die „Videodays", ein YouTuber-Treffen in der KölnArena (07.08.2015).

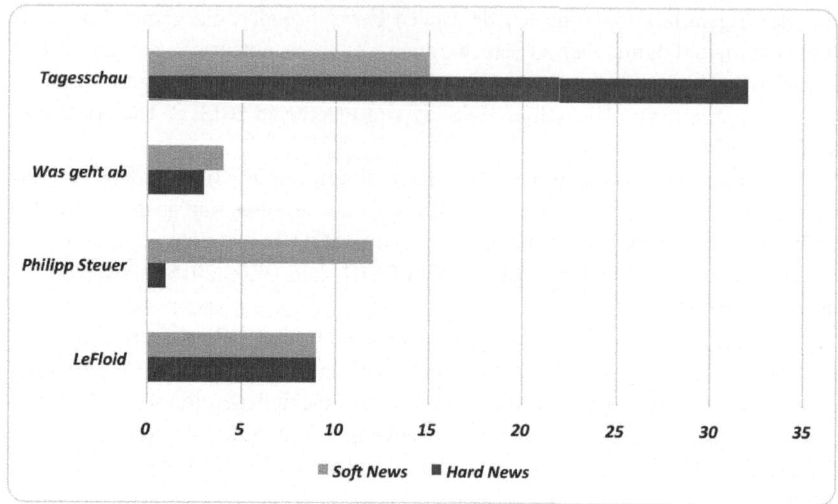

Tab. 5 Verteilung von „hard news" und „soft news" in den verschiedenen Programmen (eigene Darstellung)

Bei den drei YouTube-Newskanälen ist das Verhältnis von „hard" zu „soft news" uneinheitlich: Während es bei LeFloid ausgeglichen ist, hat „Was geht ab" etwas mehr „soft news" (3:4) und gibt es bei Philipp Steuer gar ein deutliches Übergewicht an „soft news" (1:12). Bei LeFloid stehen harte Themen wie die griechische Finanzkrise (02.07.2015) oder die Pegida-Demonstrationen in Dresden (02.07.2015) neben „soften" Themen wie „Frau schneidet Mann den Penis ab" (15.01.2015). „Was geht ab" thematisiert „hard news" wie das Bombardement der türkischen Luftwaffe gegen die PKK (29.07.2015) und „soft news" wie illegale Straßenrennen und ihre Folgen (23.07.2015). Philipp Steuer hat sich in den hier analysierten Videos beinahe ganz auf boulevardeske und trashige Themen wie „Mann stirbt nach Vogelscheuchensex" (05.04.2015) oder „russische Frau als menschliche Barbie" (31.05.2015) konzentriert. Als „hard news" kann man in diesem Potpourrie nur eine Wissenschaftsmeldung zum Thema „italienischer Mediziner kündigt Kopftransplantation an" bezeichnen (01.03.2015).

Das wird noch deutlicher, wenn man sich die Themengebiete der YouTube-News-Kanäle eingruppiert in journalistische Ressorts ansieht wie in Tabelle 6:

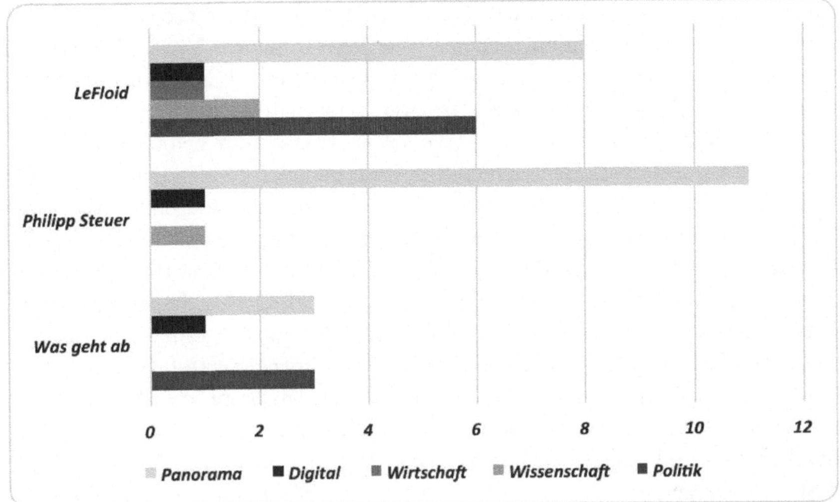

Tab. 6 Ressorts in YouTube-News-Kanälen

Nur zwei Ressorts kommen in allen betrachteten YouTube-Kanälen vor, nämlich Panorama und Digitales. Philipp Steuer verzichtet gänzlich auf Politik wie Wissenschaft, bei „Was geht ab" kommen Wissenschafts- und Wirtschaftsthemen nicht vor. Nur der YouTuber LeFloid thematisiert News aus allen fünf journalistischen Ressorts.

Signifikant unterschiedlich ist auch das Verhältnis von Moderation und Filmbeiträgen. Bei der ARD-Tagesschau nehmen die Moderationen der Sprecher im Durchschnitt der fünf analysierten Folgen 4:08 Min. ein. Die knapp zehn Einspielfilme bringen es dagegen im Schnitt auf 10:48 Min. Den YouTube-News-Kanälen, von denen hier die Rede ist, sind Nachrichtenfilme fremd. Sie bestehen zu nahezu 100 % aus den Moderationen ihrer Protagonisten. Und diese Moderationen bilden in ihrer launigen und jugendbewegten Art einen denkwürdigen Kontrast zum Rezitationsstil der ARD-Tagesschau. Was die YouTuber dagegen als Stilmittel vermehrt einsetzen, sind Grafikeinblendungen. „Was geht ab" bringt es dabei in einer Folge auf signifikante 48 Grafikspots.

Erhoben wurden in der vorliegenden Studie auch die Informationsquellen für die Beiträge. Bei der Tagesschau handelt es sich in der großen Mehrzahl der Fälle um Eigenberichte. Dies wird auch bildlich ausgedrückt durch die häufigen On-Aufsager der Reporter und Auslandskorrespondenten am Ende der eingespielten

Nachrichtenfilme. Die namentliche Kennzeichnung der Autorenschaft tut ein übriges, um mit dem Namen ein weiteres Gütesiegel in puncto Verlässlichkeit und Nachprüfbarkeit der Information zu bieten, wenn man mit Stephan Russ-Mohl redaktionelle Transparenz als Qualitätsmerkmal journalistischer Beiträge ansehen will (Russ-Mohl 2010, S. 265). Um eine solche Transparenz bemühen sich auch die YouTuber, indem sie die Quellen ihrer Informationen einblenden und teilweise sogar verlinken. Allerdings ist auffällig, dass in der überwiegenden Mehrzahl der Fälle diese Quellen aus allgemein zugänglichen Online-Ressourcen bestehen. Häufig sind das die Internet-Portale der großen journalistischen Printpublikationen (Spiegel Online, faz.net, aber auch tagesschau.de). Philipp Steuer mit seinem boulevardesken Schwerpunkt bedient sich darüber hinaus gerne bei typischen Clickbate-Farmen wie watson.ch oder Buzzfeed. Eigenberichte oder wenigstens ein Mindestmaß an selbständigem Factchecking war nicht zu identifizieren. Hier scheint sich zu bewahrheiten, was Christoph Neuberger bereits festgestellt hat, nämlich dass Onlinejournalismus in hohem Maße „Nachrichten-Recycling“ betreibt (Neuberger 2003, S. 124). Das bedeutet aber nicht, dass nicht für die YouTube-Rezipienten die präsentierten Informationen dennoch eine Wertigkeit besitzen. Es bedeutet nur, dass die Tätigkeit der YouTuber eher ein „Kuratieren“ im Sinne Axel Bruns‘ als eine genuin journalistische Leistung darzustellen scheint (Bruns 2009, S. 38f.).

Damit sind wir bei der Frage nach journalistischen Routinen. Wie kommen die News-Videos auf YouTube zustande? Gleichen sich die Arbeitsweisen denen professioneller redaktioneller Tätigkeit an? Hierüber haben die Macher von „Was geht ab“, Marius Stolz und Arne Fleckenstein, im Interview Auskunft gegeben.

Der News-Kanal „Was geht ab“ hat drei feste Mitarbeiter, nämlich einen Producer, einen Redakteur und eine Social Media-Managerin. Darüber hinaus gibt es vier freie Autoren, die an den Manuskripten für die Videos mitarbeiten. Da „Was geht ab“ täglich Videos auf YouTube eingestellt hat, gibt es auch eine tägliche Redaktionssitzung. Mit den externen Autoren wird einmal pro Woche eine Themensitzung abgehalten. Außerdem werden eigens Themen für die Social Media-Kanäle bearbeitet, insbesondere für Twitter und Instagram.

Im Interview bestätigen die „Was geht ab“-Macher auch den Eindruck, der aus der Inhaltsanalyse gewonnen wurde, nämlich dass die Recherche hauptsächlich aus der Netzschau besteht: „Wir klappern in der Regel alle Onlinequellen ab, die es so gibt. Von FAZ, SPON, Zeit bis hin zur Wired oder Reddit“ (Stolz und Fleckenstein 2015). Zwar bekennen sich die Macher zum Zwei-Quellen-Prinzip, das scheint sich aber wiederum nur auf Online-Quellen zu beziehen und bestärkt eher den Recycling-Verdacht. Und das, wiewohl einer der Macher angibt, selbst Journalistik studiert zu haben.

Den Unterschied ihrer Tätigkeit zu etablierten Nachrichtenformaten im Fernsehen sehen die „Was geht ab"-Macher in der starken Anbindung an die „Community". Mehrfach weisen sie im Interview auf den Kontakt zu ihrem Publikum hin. Dass bei der insgesamt dünnen Personaldecke eine volle Arbeitskraft nur die Social Media-Kanäle pflegt, bestätigt die Wichtigkeit dieser Form von Rezipientenbindung. Zwischen hundert und eintausend Kommentaren erhält jedes einzelne Video, das „Was geht ab" bei YouTube hochlädt. „Wir sehen, dass sich auch Jugendliche für politische Themen interessieren und die Zusammenhänge in der Welt verstehen wollen", folgern die YouTuber (ebd.). YouTube-News-Kanäle zeigen sich gerade hier als Form von partizipativem Journalismus, da „Was geht ab" explizit Themenwünsche des Publikums aufgreift und realisiert. Insgesamt bestätigt das Interview aber die Ergebnisse der Inhaltsanalyse, dass News-Kanäle wie „Was geht ab" eher ein Mindest- als ein Höchstmaß an professionellen journalistischen Routinen erfüllen.

3 Fazit und Ausblick

Kann eine junge Mediennutzer-Zielgruppe, die für klassische journalistische Angebote nicht mehr oder nur noch sehr schwer erreichbar erscheint, ihr Weltwissen und das nötige Knowhow für gesellschaftliche Partizipation aus YouTube-Kanälen gewinnen? Sind solche Kanäle ein „funktionales Äquivalent zum professionellen Journalismus"?

Man muss wohl mit einigen Einschränkungen diese Fragen verneinen. Weder was die Themenvielfalt, noch was die Recherchequalität oder die Präsentationsformen angeht, können YouTube-News-Kanäle es mit einem Nachrichten-Format wie der ARD-Tagesschau aufnehmen. Es scheint hier zu gelten, was Neuberger und Quandt bereits für Weblogs konstatieren mussten: „Die empirischen Befunde [...] lassen vermuten, dass partizipative Angebote kaum in der Lage sind, gleichwertige Leistungen wie der professionelle Journalismus zu erbringen" (Neuberger und Quandt 2010, S. 71). Den von den beiden Autoren apostrophierten „Partizipationsgewinnen" stehen dabei Folgeprobleme gegenüber, die Auswirkungen auch auf Politik und Gesellschaft haben können. Was Colin Crouch in seiner zeitdiagnostischen Studie über die „Postdemokratie" für den Mediensektor festgestellt hat, scheint *mutatis mutandis* auch und gerade für die „Generation YouTube" mit ihrer einseitigen Orientierung auf die „Aufmerksamkeitsökonomie" (Bernardy 2014, S. 162) zu gelten, nämlich dass

„Nachrichtensendungen und andere politisch relevante Formate nach dem Vorbild kommerzieller Produkte gestaltet werden. Es geht darum, rasch die Aufmerksamkeit des Lesers, Hörers oder Zuschauers zu fesseln, um konkurrierenden Unternehmen die Kundschaft abzujagen. Damit verlagert sich die Priorität in Richtung einer extrem vereinfachenden, sensationsheischenden Berichterstattung, wodurch das Niveau der politischen Diskussion und die Kompetenz der Bürger weiter sinken" (Crouch 2008, S. 64).

Diesem negativen Bild stehen aber Kontraindikationen gegenüber:

a) Wir erleben erst den Anfang der Entwicklung neuer Formate und Darstellungsformen im Bereich News & Information auf YouTube und ähnlichen Online-Video-Plattformen. Das Entwicklungspotential auch hinsichtlich journalistischer Qualität, das sich auch aus dem Bildungshintergrund der Macher ablesen lässt, darf nicht unterschätzt werden.
b) Die News-Kanäle der genuinen „YouTuber" sind nur eine Form der gesellschaftlichen Unterrichtung im Online-Video-Bereich. Die junge und jugendliche Zielgruppe hat daneben auch online weitere Möglichkeiten der politischen und gesellschaftlichen Information und muss deswegen nicht von vornherein von der gesellschaftlichen Partizipation ausgeschlossen sein.
c) Es entwickeln sich bereits Mischformen aus klassischer Fernsehberichterstattung und genuinen YouTube-Formaten. „YouTuber gehen inzwischen ins Fernsehen, das Fernsehen lädt Videos bei YouTube hoch" (Stolz und Fleckenstein 2015). Der Westdeutsche Rundfunk hat sich beispielsweise mit dem Kanal #3sechzich selbst in YouTube- und Szene-typischen Video-Darstellungsformen versucht und damit auch ein Stück weit öffentlich-rechtliche Produktionsqualität ins Netz portiert.
d) Die starke Entertainisierung und Boulevardisierung in Themenauswahl und Präsentationsform der YouTube-News-Kanäle, die mit dem Stichwort „Politainment" versehen werden könnten, muss hinblicklich gesellschaftlicher Partizipation nicht nur negativ bewertet werden. Auch Andreas Dörner als Schöpfer dieses Begriffs stellt fest, die Unterhaltungsöffentlichkeit biete „Bilder des Politischen, die im Sinne einer republikanischen politischen Kultur positiv gewertet werden können" (Dörner 2001, S. 244).
e) Der durch persönliche On-Moderationen geprägte Präsentationsstil der „YouTuber" mit seiner subjektive Sichtweisen und Wertungen betonenden Art könnte auch eine Ausprägung von „engagiertem" oder „anwaltlichem Journalismus" sein (Sarcinelli 2012, S. 276). Mit diesem Wertungen vorgebenden Stil könnte ein „Journalismus mit Haltung" forciert werden, der für eine sich erst noch zu politisierende Zielgruppe explizit die Orientierungsfunktion übernimmt.

In theoretischer Perspektive ergibt sich ein uneinheitliches Bild, was die eingangs gestellten Fragen nach dem deliberativen Charakter und den partizipatorischen Möglichkeiten der YouTube-Szene angeht. Einerseits scheint der Nachweis erbracht, dass gesellschaftliche und gesellschaftspolitische Sujets auf jugendaffinen YouTube-Kanälen thematisiert werden und die Bedingungen der Möglichkeit von gesellschaftlicher Teilhabe im Sinne Habermas' erbracht werden. Andererseits wäre zu fragen, ob die Anschlusskommunikationen, die sich an YouTube-Videos entspinnen, nicht vornehmlich selbstbezüglich und redundant sind und darum die YouTuber-Szene mit viel höherem Recht als „postmoderne Concierges" im Schmitz'schen Sinne anzusehen wären als konventionelle TV-Nachrichten, die mit ihren Diskursangeboten doch eher dem Projekt der Moderne verpflichtet sind (Habermas 1988, S. 380). Schließlich wäre in theoretischer Perspektive zu überlegen, ob YouTube-News-Kanäle so zu verstehen sind, dass sie zu gesellschaftlicher Teilhabe anregen sollen, oder ob sie nicht vielmehr so zu verstehen sind, dass sie selbst Ausdruck gesellschaftlicher Partizipation sind und es sich bei ihnen im Sinne von Barnes' *Political Action*-Ansatz um „unkonventionelle" Beteiligungsformen handelt. Die Antwort auf diese Frage hängt stark mit der (gesellschaftlichen wie medialen) Rolle und Funktion der YouTuber als Präsentatoren und damit Medienmacher ab: Mit der schon bei Brecht und Benjamin geforderten Aufhebung der Dialektik von Produzent und Konsument (Brecht 1989; Benjamin 1982; vgl. Rusch et al. 2007, S. 143ff.) rücken YouTuber in den Fokus als typische Vertreter der „Produser", die Medienrealitäten jenseits professioneller Ansprüche schaffen (Bruns 2007) und darum vielleicht eher als Vertreter eines „grassroots journalism" anzusehen wären (Gillmor 2004, S. 236). Die YouTube-News-Produktionen wären dann selbst als Ergebnis gesellschaftlicher Teilhabe anzusehen und am Ende statt am Anfang der Verwertungskette öffentlicher Meinungsbildung zu verorten.

Um diese weiterführenden theoretischen Überlegungen empirisch abzusichern, müssten weitere Forschungen ein breiteres Sample an sowohl an Fernsehnachrichten-Formaten als auch an genuinen YouTube-News-Formaten auch über einen längeren Zeitraum analysieren und mit anderen Online-Informationsquellen abgleichen, um den Grad politischer und gesellschaftlich relevanter Information einer jungen Mediennutzergruppe messen zu können. Diese Untersuchung müsste kombiniert werden mit einer Befragung der „Generation YouTube", um über den Grad politischer und gesellschaftlich relevanter Informiertheit Aufschluss zu erhalten. Erst dann könnte abschließend der Schluss gezogen werden, ob eine junge Zielgruppe vielleicht für klassische Medien, nicht aber für Politik und Gesellschaft verloren sind.

Literatur

Barnes, S., Allerbeck, K., Farah, B., Heunks, F., Inglehart, R., Jennings, M., Klingemann, H.D., Marsh, A., Rosenmayr, L. (1979). *Political Action: Mass Participation in Five Western Democracies*. New York: Sage.

Beck, K. (2010). *Kommunikationswissenschaft*. 2. Aufl., Stuttgart: UTB.

Benjamin, Walter (1982). Der Autor als Produzent. Ansprache im Institut zum Studium des Fascismus in Paris am 27. April 1934. In: *Gesammelte Schriften*. Zweiter Band. Zweiter Teil, herausgegeben von Rolf Tiedemann und Hermann Schweppenhäuser. Frankfurt/Main: Suhrkamp 1982, S. 683–701.

Bernardy, J. (2014). *Aufmerksamkeit als Kapital. Formen des mentalen Kapitalismus*. Marburg: Tecum.

Best, S. & Breunig, Chr. (2011) Parallele und exklusive Mediennutzung. Ergebnisse auf Basis der ARD/ZDF-Lanzeitstudie Massenkommunikation. MP 1/2011: 16–35.

Brecht, B. (1989). Der Rundfunk als Kommunikationsapparat. Rede über die Funktion des Rundfunks; Vorschläge für den Intendanten des Rundfunks; Radio – eine vorsintflutliche Erfindung? Alle in: *Werke*, Bd. 21, Schriften I, Berlin u.a.: Aufbau.

Bruns, A. (2007). Produsage: Towards a Broader Framework for User-Led Content Creation. In *Proceedings Creativity & Cognition 6, Washington, DC*. Quelle: http://eprints.qut.edu.au/6623/1/6623.pdf, Zugegriffen: 09.04.2016.

--. (2009). *Gatewatching: Collaborative Online News Production*. New York u.a.: Peter Lang.

Burgess, J. & Green, J. (2009). *YouTube: Online Video and Participatory Culture*. Cambridge: Polity Press.

Busemann, K. & Tippelt, F. (2014) Second Screen: Parallelnutzung von Fernsehen und Internet. Media Perspektiven 7–8/2014: 408–416.

Crouch, C. (2008). *Postdemokratie*. Übers.: N. Gramm. Frankfurt/Main: Suhrkamp.

Dörner, A. (2001). *Politainment. Politik in der medialen Erlebnisgesellschaft*. Frankfurt/Main: Suhrkamp.

Gillmor, D. (2004). We the Media: Grassroots Journalism by the people, for the people. Sebastopol, CA: O'Reilly.

Goldhammer, K., Kerkau, F., Matejka, M. & Jan Schlüter (2015). *Social TV. Aktuelle Nutzung, Prognosen, Konsequenzen*. Leipzig: Vistas (= LfM-Schriftenreihe Medienforschung; 76).

Haas, A. (2015). Demokratisierung durch Social Media? In Imhof, K., Blum, R., Bonfadelli, H. & Wyss, V. (Hrsg.). *Demokratisierung durch Social Media. Mediensymposion 2012*. Wiesbaden: Springer VS, 27–40.

Habermas, J. (2008). Hat die Demokratie noch eine epistemische Dimension? Empirische Forschung und normative Theorie. In: *Ach, Europa. Kleine politische Schriften XI*. Frankfurt/Main: Suhrkamp, S.138–191.

--. (1988). *Der philosophische Diskurs der Moderne: Zwölf Vorlesungen*. Frankfurt/Main: Suhrkamp.

Heinrich, J. (2013). *Medienökonomie: Band 2: Hörfunk und Fernsehen*. Wiesbaden: Springer.

Herbort, C. (2014): Viktor „iblali" Roth: Ein Düsseldorfer erobert YouTube. *Westdeutsche Zeitung* vom 14.04.2014, http://www.wz.de/lokales/duesseldorf/viktor-iblali-roth-ein-duesseldorfer-erobert-YouTube-1.1612223. Zugegriffen: 14.01.2016.

Hickethier, K. (1998). *Geschichte des deutschen Fernsehens*. Stuttgart: Metzler.

Imhof, K. (2015). Demokratisierung durch Social Media? In Imhof, K., Blum, R., Bonfadelli, H. & Wyss, V. (Hrsg.). *Demokratisierung durch Social Media. Mediensymposion 2012*. Wiesbaden: Springer VS, S.15–26.

JIM (2015). Jugend, Information, (Multi-) Media. http://de.statista.com/statistik/daten/studie/29159/umfrage/mediennutzung-durch-jugendliche-in-der-freizeit-nach-geschlecht/ Zugegriffen: 10.01.2016.

Karim, J. (2005). Me at the Zoo. https://www.YouTube.com/watch?v=jNQXAC9IVRw, Zugegriffen: 14.01.2106.

Kneissler, M. (2015). „Geiler Scheiß". Mediakraft Networks YouTube. *BrandEins*. http://www.brandeins.de/archiv/2015/marketing/mediakraft-networks-YouTube-geiler-scheiss/ Zugegriffen: 11.01.2016.

Kovach, B. & Rosenstiel, T. (2007). *The Elements of Journalism. What Newspeople Should Know and the Public Should Expect*. 2. Aufl., New York: Random House.

Krachten, Chr. (2015): Persönliches Gespräch am 12.01.2015.

Krachten, Chr. & Hengholt, C. (2011). *YouTube. Erfolg und Spaß mit Online-Videos*. Heidelberg: dpunkt.

Kupferschmitt, Th. (2015). Bewegtbildnutzung nimmt weiter zu – Habitualisierung bei 14- bis 29-Jährigen. *Media Perspektiven 9*, 383–391.

Lübberding, F. (2015): YouTube-Star interviewt Merkel: Ein Pennäler im Kanzleramt. *FAZ* vom 13.07.2015, http://www.faz.net/aktuell/feuilleton/medien/tv-kritik/YouTuber-le-floid-interview-merkel-13701378.html. Zugegriffen: 14.01.2016

Marek, R. (2013). *Understanding YouTube: Über die Faszination eines Mediums*. Bielefeld: Transcript.

Neuberger, Chr. (2003). Strategien deutscher Zeitungen im Internet. In: ders. & Tonnemacher, J. (Hrsg.). *Online – die Zukunft der Zeitung? Das Engagement deutscher Tageszeitungen im Internet*. Wiesbaden: VS, S.152–213.

Neuberger, Chr. & Quandt, Th. (2010). Internet-Journalismus: Vom traditionellen Gatekeeping zum partizipativen Journalismus? In: Schweiger, W. & Beck, K. (Hrsg.). *Handbuch Online-Kommunikation*. Wiesbaden: VS, S.59–79.

Rusch, G., Schanze, H. & Schwering, G. (2007). *Theorien der Neuen Medien. Kino – Radio – Fernsehen – Computer*. Paderborn: Fink.

Russ-Mohl, S. (2010). *Journalismus. Das Lehr- und Handbuch*. Frankfurt/Main: F.A.Z.

Sarcinelli, U. (2012). Medien und Demokratie. In: Mörschel, T. & Krell, Chr. (Hrsg.). *Demokratie in Deutschland: Zustand- Herausforderungen – Perspektiven*. Wiesbaden: VS, S.271–318.

Schiewe, J. (2004). *Öffentlichkeit. Entstehung und Wandel in Deutschland*. Paderborn: Schöningh.

Schmitz, U. (1990): *Postmoderne Concierge: Die „Tagesschau". Wortwelt und Weltbild der Fernsehnachrichten*. Wiesbaden: Springer.

Schwiesau, D. & Ohler, J. (2003). *Die Nachricht in Presse, Radio, Fernsehen, Nachrichtenagentur und Internet. Ein Handbuch für Ausbildung und Praxis*. München: List.

Sternburg, Wilhelm von (1995): *Tagesthema ARD. Der Streit um das Erste Programm.* Frankfurt/Main: S. Fischer.

Stolz, M. & Fleckenstein, A. (2015). Persönliches Gespräch am 02.09.2015 (das Interview wurde geführt und transkribiert von Kim Feyen).

Tenscher, J. & Scherer, Ph. (2012). *Jugend, Politik und Medien: politische Orientierungen und Verhaltensweisen von Jugendlichen in Rheinland-Pfalz.* Münster:Lit.

Trebbe, J., Beier, A. & Wagner, M. (2015). *Information oder Unterhaltung? Eine Programmanalyse von WDR und MDR.* Frankfurt/Main: Otto-Brenner-Stiftung. https://www.otto-brenner-shop.de/uploads/tx_mplightshop/AP17_WDR_MDR_webNEU.pdf. Zugegriffen: 14.01.2016.

Von Rossum, W. (2007): *Die Tagesschow. Wie man in 15 Minuten die Welt unbegreiflich macht.* Köln: KiWi.

Die symbolische Ordnung des Internets

Birte Heidkamp und David Kergel

1 Einleitung

Das Internet wird spätestens mit der Einführung erster grafikfähiger Webbrowser zu Beginn der 90er Jahre, die die Darstellung von World Wide Web-Inhalten ermöglicht, zunehmend Teil unserer Wirklichkeit bzw. prägt in wachsendem Ausmaß unsere Lebenswelt (vgl. Kergel und Heidkamp 2016). Seit diesem Zeitpunkt bildet das Internet ein weiteres mediales Angebot, das im Sinne sozial-konstruktivistischer Ansätze unsere Welt-/Selbsterfahrung prägt. Mit dem Aufkommen des Internets wird auch die Frage virulent, wie es sich auf die symbolische Ordnung der Gesellschaft auswirkt.

- Stellt die ‚virtuelle Welt des Internets' einen Erfahrungsraum dar, indem beispielsweise anhand von Avataren alternative Identitätsentwürfe getestet werden können?
- Lässt sich das Internet als Medium des Widerstands begreifen, das es ermöglicht, sich den Subjektivierungsdynamiken der ‚stofflich-physikalischen Welt' zu entziehen?
- Schreiben sich Hierarchien/Abhängigkeiten bzw. die bestehenden Herrschaftsordnungen auch in das Internet ein und wird diese Ordnung durch das Internet performativ (re-)produziert?

Aus machtanalytischer Perspektive erscheint die Feststellung relevant, dass die diskursive Thematisierung des Internets als zentraler Aspekt von Wirklichkeit(-serfahrung) auch eine Auseinandersetzung mit der symbolischen Ordnung von

Gesellschaft darstellt. Das Internet kann als ein sozialer Raum verstanden werden, in dem sich gesellschaftliche Hierarchien einschreiben und in dem sich z. T. auch Widerstand zu diesem Einschreibeprozess formiert.

Im Rahmen dieses Beitrags werden anhand der machtanalytischen Positionen von Foucault und Butler verschiedene Thematisierungen des Internets im Kontext symbolischer Ordnung von Gesellschaft analysiert. Zunächst werden in Rückgriff auf Foucault und Butler die Verständnisse von Macht skizziert, die im Rahmen dieses Beitrags zu einer Analyse der diskursiven Einbettung des Internets in die symbolische Ordnung herangezogen werden. Eine solche Analyse – dies sei erkenntniskritisch vorausgeschickt – kann aufgrund der Komplexität des Untersuchungsgegenstands lediglich schlaglichtartig und aufgrund der rasanten medialen Veränderungen nur provisorischer Natur sein. Daher lässt sich der Versuch der Analyse als eine heuristische Strategie verstehen, das Verhältnis Internet/symbolische Ordnung aus machtanalytischer Perspektive zu verobjektivieren.

2 Theoretische Grundlagen

Aus machtanalytischer Perspektive erscheint es als relevant zu fragen, wie das Internet als Leitmedium eines anbrechenden digitalen Zeitalter sukzessive ‚sozialisiert' wird bzw. seinen ‚Platz in der Gesellschaft' findet.[1] Wie wird das Internet als neues Element unserer Wirklichkeit und Wirklichkeitserfahrung in die symbolische Ordnung von Gesellschaft diskursiv eingeordnet? Um dies zu leisten, wird vorab der Begriff der symbolischen Ordnung sowie die im Zuge der machtanalytischen Auseinandersetzung mit dem Internet herangezogen machttheoretischen Überlegungen von Foucault und Butler skizziert.

2.1 Symbolische Ordnung

Die Verwendung des Begriffs der *symbolischen Ordnung* als analytische Kategorie für die Sinnstrukturierung von Gesellschaft lässt sich v. a. im Zuge poststrukturalistischer Ansätze verorten und kann begrifflich als diskursive Manifes-

1 Aus medientheoretischer Perspektive ließe sich fragen, ob die Welt wiederum ihren Platz im Internet findet bzw. die Welt im Internet verschwindet und – analog zu der poststrukturalistischen Position, dass kein Jenseits des Diskurses bzw. des Textes existiert – es keinen Raum jenseits des Internets im Sinne einer Trägerinfrastruktur geben wird?

tierung/Legitimierung von Hierarchien bzw. Abhängigkeitsbeziehungen gefasst werden.[2]

> „Die Verwendung von Symbolen – Worten, Gesten, Gegenständen – ist vor allem deshalb bei der Erzeugung von Machtsymmetrie so wirkmächtig, weil diese an Stelle von etwas anderem stehen, das nicht explizit gemacht werden muss. Diese Symbole werden von allen Beteiligten, also auch von den Beherrschten, als legitim erkannt und anerkannt. Die Basis der Erzeugung einer solchen symbolischen, klassifizierenden Ordnung ist folglich ein gewisses stillschweigendes Einverständnis und damit eine Art Komplizienschaft der Beherrschten." (Suderland 2014, S. 127)

Dementsprechend versteht Žižek (2011) mit Rekurs auf Lacan die symbolische Ordnung als die „ungeschriebene Verfassung der Gesellschaft" (Žižek 2011, S. 18), in die jedes Individuum eingebettet ist. Sie „ist hier und leitet und kontrolliert meine Hand; sie ist das Meer, in dem ich schwimme" (ebd.). Durch den Sprachgebrauch, ein zentrales Feld gesellschaftlicher Symbolisierung, werden Hierarchien und Dichotomien performativ (re-)produziert und sind dem Individuum (vor-)gegeben. Das Individuum wird u. a. mit dem Erlernen des Sprachgebrauchs in die Gesellschaft und deren Sinnsysteme – u. a. repräsentiert in der begrifflichen Ordnung – sozialisiert (vgl. dazu auch Kergel 2010): „Es ist, als würden wir, die Subjekte der Sprache, wie Puppen reden und interagieren, als würden unser Reden und unsere Gesten von einer namenlosen, alles durchdringenden Kraft bestimmt" (Lacan 2011, S. 18). Das Individuum reflektiert sich nach normativen gesellschaftlichen Parametern, die sprachlich fixiert sind (z. B. markiert die Bezeichnung „arbeitslos" gleich einen signifikanten Mangel in einer Gesellschaft, die der Arbeit einen hervorgehobenen Stellenwert einräumt, vgl. Kergel 2013 und Bourdieu 2016).

Die symbolische Ordnung ist allerdings nicht lediglich als ein Raum zu verstehen, in dem Hierarchien und Abhängigkeitsverhältnisse diskursiv legitimiert sowie symbolisch (z. B. sprachlich) performativ (re-)produziert werden und derart eine repressive Wirkung entfaltet wird. Die symbolische Ordnung lässt sich zugleich als ein Raum der Anfechtungen und des Widerstands begreifen. Paradigmatisch zeigt sich dies an der Diskussion einer gendergerechten Schreibweise, die u. a. durch den ‚Gender-Gap' (z. B. Zuschauer_innen) bestrebt ist, sprachlich ver-

2 Krämer-Badoni weist darauf hin, „daß die Legitimität einer Gesellschaft ist, was in den Selbstthematisierungen […] der Gesellschaft hergestellt wird und immer neu hergestellt werden muß. Denn die Selbstthematisierungen der Gesellschaft verändern sich notwendig mit der Entfaltung von Wissenssystemen. Sie sind die kognitiven Rekonstruktionen von Gesellschaften in bestimmten historischen Phasen mit Hilfe des in diesen Phasen zur Verfügung stehenden Entwicklungsstandes kognitiver Begriffe und Systeme" (Krämer-Badoni 1978, S. 9).

mittelte bzw. ‚festgeschriebene' Ordnungen zu destruieren. So markiert der ‚Gender-Gap' symbolisch alle Geschlechteridentitäten, die sich zwischen oder jenseits der Pole ‚männlich/weiblich' verorten lassen, die durch eine heteronormative Verwendung von Personal- und Demonstrativpronomen hergestellt wird.

In der symbolischen Ordnung manifestieren sich Hierarchien, formulieren sich Logiken von Herrschaftsverhältnissen. Sie lässt sich als ein Schauplatz von ‚Macht' verstehen, der – im Rahmen des semiotischen Systems – Raum von Widerstand und ‚Gegen-Rede' eröffnet. Die Dynamiken zwischen

- performativer (Re-)Produktion von Hierarchien und Abhängigkeitsverhältnissen auf der einen und der
- Artikulation von Widerstand im Raum der symbolischen Ordnung auf der anderen Seite

verweisen auf die Produktivität von Macht, auf die auch Foucault mit seinem Machtbegriff hingewiesen hat.

2.2 Machtanalytische Ansätze

Mit Bezug auf Foucault lässt sich Macht als ein Begriff verstehen, der analytisch die Prozesse/Phänomene fasst, im Zuge derer sich Hierarchien manifestieren und Individuen im Hierarchiegefüge fixiert werden. Zugleich lassen sich diesem Begriff auch Prozesse/Phänomene zuordnen, die Herrschaftsverhältnisse herausfordern. Foucault verweist in einem Interview darauf, dass das Phänomen Macht nicht ausschließlich als „die Reduktion von Machtprozeduren auf das Gesetz der Untersagung" (Foucault 1978, S. 207) hin zu definieren sei. Im Anschluss an Foucault lässt sich Macht nicht als die Durchsetzung des eigenen Willens gegen den Willen anderer verstehen (vgl. ebd. 1978, S. 207f.). Vielmehr kann Macht als ein Vergesellschaftungsprozess begriffen werden, innerhalb dessen sich gesellschaftliche Identitätsmuster, Hierarchien und Sinnstrukturen in das Selbst-/Weltverhältnis des Individuums einschreiben. Macht ist aus dieser Perspektive eine produktive Dimension zu eigen, da sie sich im Zuge einer „Subjektkonstituierung, Wissensgenerierung und mikrophysischen Durchdringung des Körpers entfaltet" (Moebius 2013, S. 160):

> „Die Disziplinierung der Individuen geschieht dabei nicht, wie Foucault herausarbeitet, durch Repression, sondern durch die Konstituierung, Ausrichtung und Strukturierung der Körper, der Modellierung der Zeit-Raum-Vorstellungen und

durch das Erlernen spezifischer Gesten, Denk- und Wahrnehmungs- und Verhaltensschemata" (ebd., S. 160).

In diesem Sinne lässt sich Macht als „eine vielförmige Produktion von Herrschaftsverhältnissen" (Foucault 1978, S. 211) begreifen, innerhalb derer „Machtbeziehungen" (ebd.) nicht lediglich „der alleinigen Form des Verbots und der Züchtigung gehorchen, sondern vielfältige Formen annehmen" (ebd.). Macht entfaltet sich performativ im Zuge von *Vergesellschaftungsprozessen* durch die das Individuum in die symbolische Ordnung von Gesellschaft eingeführt wird. Um die Dynamik dieser Prozesse machtanalytisch angemessen beschreiben zu können, entwickelt Althusser den Begriff der *Interpellation*, der von Butler übernommen und u. a. anhand der Verknüpfung mit dem Begriff der *Performativität* weitergeführt wird.

2.3 Die performativ-interpellative Dimension von Macht

Interpellationen stellen Anrufungen dar, in denen normative Erwartungen an das Individuum artikuliert werden. Die Anrufung entfaltet gemäß Althusser eine ‚sozialisierende' Wirkung, in dem das Individuum mit den normativen Ansprüchen der symbolischen Ordnung konfrontiert wird, sich zu diesen verhält und diese in sein Selbst-/Weltverhältnis integriert. Die Integration symbolischer Ordnung über Interpellation in das eigene Selbst-/Weltverhältnis kann im Sinne der produktiven Dynamik von Macht, auf die Foucault hingewiesen hat, wiederum zwischen den Polen ‚kritisch ablehnend' oder ‚nicht-reflexiv affirmativ' verortet werden.

Althusser hat in seiner Schrift *Ideologie und ideologische Staatsapparate* (1977) den Akt der Interpellation paradigmatisch anhand einer ‚Urszene' exemplifiziert:

> „Man kann sich diese Anrufung nach dem Muster der einfachen und alltäglichen Anrufung durch einen Polizisten vorstellen: ‚He, Sie da!' Wenn wir einmal annehmen, daß die vorgestellte theoretische Szene sich auf der Straße abspielt, so wendet sich das angerufene Individuum um. Durch diese einfache physische Wendung um 180 Grad wird es zum Subjekt. Warum? Weil es damit anerkennt, daß der Anruf ‚genau' ihm galt und daß es ‚gerade es war, das angerufen wurde' (und niemand anderes). Wie die Erfahrung zeigt, verfehlen die praktischen Telekommunikationen der Anrufung praktisch niemals ihren Mann: Ob durch mündlichen Zuruf oder durch ein Pfeifen, der Angerufene erkennt immer genau, daß gerade er es war, der gerufen wurde." (Althusser 1977, S. 142f.)

Die symbolische Ordnung schreibt sich über Interpellation ‚ganzheitlich' – also kognitiv-emotiv – in das Individuum ein. Anknüpfend an diese Überlegungen zur Interpellation und ihre vergesellschaftende Wirkung auf das Individuum, entwickelt Butler (1997) ihre Machtanalytik. Ein Akzent von Butler liegt auf der performativen Dimension von Sprache: „Moreover, the model of power in Althusser´s account attributes performative power to the authoritative voice, the voice of sanction, and hence to a notion of language figured as speech" (Butler 1997, S. 5f.).

Hierarchien wirken oftmals nicht explizit, sondern manifestieren sich unbemerkt von den Akteuren performativ im (Sprach-)Handeln. Interpellationen sind in gesellschaftliche Sinnsysteme eingebunden und verdecken und/oder legitimieren die Hierarchisierungsprozesse symbolischer Ordnung. Im Sinne des linguistic turns (vgl. Bachmann-Medick 2009), der die wirklichkeitsgenerierende Wirkung von Sprache in den Mittelpunkt kultur- und sozialwissenschaftlicher Analysen rückt, werden Hierarchisierungsprozesse v. a. sprachlich konstituiert. Gemäß der zentralen Bedeutung von Sprache für die soziale Praxis stellen Interpellationen Hierarchien/Abhängigkeitsverhältnisse erst her. Sprache fungiert als symbolische Gewalt. Symbolische bzw. „sprachliche Gewalt" (Schmidt und Woltersdorf 2008, S. 13) entfaltet „[ü]ber sprachliche Akte des Benennens, Setzens, Trennens und Zusammenführens […] performative Machtwirkungen […] solche sprachlichen Akte können zugleich erzeugen, was sie benennen" (Schmidt und Woltersdorf 2008, S. 13).

Ein zentraler Aspekt von Butlers Überlegungen zur Machtentfaltung baut auf das Prinzip der – v. a. sprachlich organisierten – Wiederholung, die sich mit dem Begriff des *Performativen* analytisch aufarbeiten lässt.[3]

Anhand der „stilisierte[n] Wiederholung" (Butler 1991, S. 206) entfalten Interpellationen ihre Wirkungen. Gerade diese infinite (Re-)Produktion von Interpellationen durch Wiederholungen geben „der performativen Äußerung ihre bindende oder verleihende Kraft" (Butler 1995, S. 297). Moebius arbeitet heraus, dass „Butlers Modell der performativen Macht […] auf die Wiederholung angewiesen" (Moebius 2013, S. 169) ist: „erst durch die Repetitivität von diskursiv-normativen Anweisungsstrukturen entfaltet sich die Macht" (ebd. 2013, S. 169). Begrifflich lässt sich Butlers Ansatz als eine *performativ-interpellative Machtanalytik* verstehen. Da diese Form der Machtanalytik die Dynamiken von Vergesellschaftungsprozessen in den Vordergrund rückt und dabei die wirklichkeitsgenerierende Di-

3 In Anschluss an die Sprechakttheorie von Austin (1972) bzw. Searle (1971) und die Diskussion dieses Ansatzes von Derrida (1988) und Butler (2006) bezeichnet `Performanz´ nicht den Akt einer reinen Wiederholung, sondern auch einen reproduzierenden Akt, der in seiner Nachahmung etwas Neues schafft.

mension von Sprache fokussiert, lässt sie sich als eine Analysestrategie verstehen, mit der sich die produktive, generierende Dimension von Macht aufarbeiten lässt, auf die bereits Foucault hingewiesen hat.

3 Das Internet und seine symbolische Ordnung

Im Sinne eines ‚rasenden Stillstandes' bzw. einer rasanten Veränderung der medialen Möglichkeiten, deren Implikationen und Wirkungen kaum erfassbar scheinen, verändert sich unsere Lebensumwelt tiefgreifend. Es wird diskutiert (vgl. Schwalbe 2011) bzw. festgestellt (vgl. Siemens 2005), dass ein digitales Zeitalter angebrochen ist, welches die mediale Struktur der Gutenberggalaxis endgültig ablöst. Das Buch als Leitmedium der Gutenberggalaxis wird durch das Internet substituiert. Dieser globale *digital turn* ermöglicht

- eine mediale Erweiterung von Wirklichkeitskonstruktionen (z. B. lässt sich anhand von Videotelefonie kostengünstig und niedrigschwellig Face-to-Face-Kommunikation über weite Distanzen umstandslos realisieren) oder – je nach erkenntnistheoretischem Gesichtspunkt –
- eine medial erweiterte Wirklichkeit bzw. Augmented Reality (vgl. Kergel und Heidkamp 2016; Kergel 2016).

Auch wenn der anhaltende mediale Wandel einen Prozess im Werden darstellt, der gerade erst begonnen zu haben scheint, und die tiefgreifenden Wirkungen des Internets als neues Leitmedium nicht absehbar sind, lässt sich (re-)konstruieren, wie das Internet Teil der symbolischen Ordnung bürgerlicher Gesellschaft geworden ist. Im Folgenden werden schlaglichtartig

- die aus der Mitte der 90er stammenden Überlegungen Turkles zum Internet als Freiheitsraum sowie
- der Wandel des Internets zum Web 2.0 anhand der Begriffe *Facebook-* und *Google-Identität* vorgestellt.

3.1 Das Internet als *liquider Freiheitsraum*

Das von der Sozialpsychologin Turkle publizierte Werk *Life on the Screen: Identity in the Age of the Internet* (1995/2011) lässt sich als ein Ansatz verstehen, das Internet in Bezug zur symbolischen Ordnung zu setzen. Im Internet wird v. a.

die Möglichkeit gesehen, den subjektivierenden Wirkungen und Einschreibungen machtstruktureller Einbindungen zu entkommen. Turkle schreibt in ihrem Buch über onlinebasierte multiuser computer games (MUDs):

> „The anonymity of MUDs – one is known on the MUD only by the name of one's character or characters – gives people the chance to express multiple and often unexplored aspects of the self, to play with their identity and to try out new ones. MUDs make possible the creation of an identity so fluid and multiple that it strains the limits of the notion. Identity, after all, refers to the sameness between two qualities, in this case between a person and his or her persona. But in MUDs, one can be many" (Turkle 2011, S. 12).

Den Individuationszwängen bürgerlicher Gesellschaft – „Jedem Individuum seinen Platz und auf jeden Platz ein Individuum" (Foucault 1997, S. 183) – welche das Individuum als Monade gesellschaftlicher Hierarchien konstituiert, lässt sich gemäß Turkle im Internet entkommen:

> „Today I use the personal computer and modem on my desk to access MUDs Anonymously, I travel their rooms and public spaces [...] I create serval characters, some not of my biological gender, who are able to have social and sexual encounters with other characters. On different MUDs, I have different routines, different friends, different names." (Turkle 2011, S. 16)

Diese Idealisierung des Freiraumes, der *multiple* und *fluide Identitätskonstruktionen* ermöglicht, erinnert an Deleuzes Überlegungen zu der Transzendierung von Individuationszwängen, worauf Turkle auch hinweist:

> „Thus, more than twenty years after meeting the ideas of [...] Deleuze, and Guattari, I am meeting them again in my new life on the screen [...] In my computer-mediated worlds, the self is multiple, fluid and constituted in interaction with machine connections" (ebd., S. 15).

Medial ermöglicht das Internet neue Formen sozialer Interaktionen. Turkle nutzt hier die von Deleuze etablierte Metapher des *Flüssigen,* um Strategien zu beschreiben, wie sich der Festschreibung des Individuums bzw. der Fixierung des Individuums in Hierarchie-/Abhängigkeitsverhältnissen entgehen lässt:

> „Individuation is no longer enclosed in a word. Singularity is no longer enclosed in an individual [...] You see, the forces of repression always need a Self that can be assigned, they need determinate individuals on which to exercise their power. When

we become the least bit fluid, when we slip away from the assignable Self, when there is no longer any person on whom God can exercise his power or by whom He can be replaced, the police lose it. This is not theory“ (Deleuze 2004, S. 138).

Im Anschluss an Deleuze und mit Bezug auf Turkle lässt sich das Internet als ein Raum verstehen, der neue „modes of life“ ermöglicht. Und neue „[m]odes of life inspire ways of thinking; modes of thinking create ways of living” (Deleuze 2004, S. 66). Vor diesem Hintergrund lassen sich die Organisationsformen von Hackergruppen wie *Anonymous* und deren Ausrichtung gegen Internetzensur als Aktualisierung von tradierten Freiheits- und Widerstandstopoi lesen. Symbolisch für das Lösen von Individuationszwängen steht die Verwendung der ersten Person Plural im Moto von *Anonymous*, das am Ende von Anonymous-Botschaften eingespielt/eingeblendet wird:

„Wir sind Anonymous.
Wir sind Legion/viele.
Wir vergeben nicht.
Wir vergessen nicht.
Erwartet uns.“[4]

Das gesellschaftlich fixierte Ich, auf das Foucault in seiner Machtkonzeption hingewiesen hat, löst sich im anonymen Plural auf, den das Internet ermöglicht.

3.2 Die performativ-interpellativen Implikationen des Web 2.0: Von der Facebook-Identität zur Google-Identität

Mit den erweiterten Interaktionspotenzialen des Internets durch die Etablierung von *User Generated Content*-Anwendungen (UGC) eröffnen sich zunehmend neue Partizipationsmöglichkeiten der Nutzer_innen. Nutzer_innen erhalten die Möglichkeit, sich selbst z. B. via Blogs, Wikis und Podcasts in das Internet einzuschreiben. UGC-Anwendungen lassen Konsument_innen zu Produzent_innen von Webinhalten werden (vgl. Gaiser 2008). Das Internet wird verstärkt zu einer „Informations- Kommunikationsplattform, auf der die Nutzer selbst aktiv die In-

4 Beispielsweise zu lesen unter: https://de.wikipedia.org/wiki/Anonymous_%28Kollektiv%29.

halte und Informationen mitgestalten und erstellen" (Lehr 2012, S. 47) können. Aufgrund dieser Änderungen rief O'Reilly 2002 das *Internet 2.0* aus, in dem der Medienpädagoge Downes eine „social revolution" sah. Der Begriff des *Web 2.0* bzw. des „Mitmach-Web" entfaltete weitreichende Wirkungen. „Die Technologien des Web 2.0 bieten [...] Lösungen, die neben erweiterten Interaktionsmöglichkeiten auch mehr Unabhängigkeit und Kreativität der Beteiligten erlauben" (Hochmuth et al. 2009, S. 247). Kommunikationsprozesse verlaufen im Web 2.0 nicht mehr einseitig, sondern sind – mittels des polydirektionalen Potenzials – nach allen Kommunikationskanälen hin offen; Inhalt kann generiert und sogleich kommentiert werden. Derart wird die Dichotomie (aktiver) Sender/(passiver) Empfänger dynamisiert: „In a nutshell, what was happening was that the Web was shifting from being a medium, in which information was transmitted and consumed, into being a platform, in which content was created, shared, remixed, repurposed, and passed along" (Downes 2005, Absatz 21).

Vor dem Hintergrund der libertären Überlegungen Turkles zur Dezentrierung des Individuums durch das Internet liegt es nahe, dass diese erweiterten Möglichkeiten der *e-Participation* durch das Web 2.0 dazu beitragen, dem/der Nutzer_in neue Formen emanzipativer Selbstverortung im Internet an die Hand zu geben. Der Einsatz von Vernetzungsmöglichkeiten, die u. a. Social Softwares ermöglichen, lassen allerdings eine gegenläufige Tendenz erkennen. Mit den erhöhten Partizipationsmöglichkeiten im Web 2.0 wird auch die Identität der Nutzer_innen verstärkt diskursiv fixiert. Dieses Phänomen lässt sich mit den Begriffen *Facebook* und *Google-Identität* (Kergel 2014) heuristisch aufarbeiten. Durch die Etablierung von Social-Software-Applikationen und Networks wie *Facebook* und *Google+* wird das Identitätsmanagement verstärkt in die digitale Welt des Internets ausgeweitet. Die Identitätsnarration erfährt über *Facebook* einen weiteren Raum, in dem die soziale Identität fixiert wird. Das digitale Identitätsmanagement entfaltet vor diesem Hintergrund eine vergesellschaftende Wirkung:

> „*Identity construction, one of the most important developmental tasks faced by teenagers within the socialising process, is nowadays a construction of virtual/actual identity.* This kind of communication-based virtual/actual identity construction can be termed the *'Facebook identity'*. One potential problem of such an identity construction is that the individual can almost never escape from their social spaces – all different social roles are united within the Facebook profile. The post-modern plurality of the individual is replaced by Facebook's 'Chronicle' feature. This function forces the individual to construct a complete and coherent narrative of their life, listing the most important events" (Kergel 2014, S. 188).

Jedes gepostete Ereignis eines „Friends“ lässt sich als Interpellation lesen, sich z. B. via „Like“-Button oder Kommentarfunktion performativ dieser Freundschaft zu versichern.

Gestärkt wird die These der *Facebook*-Identität durch die Ergebnisse der JIM-Studie von 2014, in der das Beziehungsgefüge von Jugendlichen in Facebook beleuchtet wird. Die JIM Studie, die jährlich das Medienverhalten von Jugendlichen erhebt, setzte sich 2014 u. a. mit der „Freundschaftsstruktur in Facebook“ auseinander. Es zeigte sich, dass Jugendliche im Durchschnitt 290 Freunde auf Facebook haben, 45 % der jugendlichen Nutzer_innen mit ihren Eltern und 32 % mit ihren Lehrer_innen befreundet sind. Es lässt sich an diesen Zahlen ablesen, dass Facebook ein Forum für ein komplexes digitales Identitätsmanagement darstellt, bei dem die Jugendlichen u. a. zwischen den Rollen Sohn bzw. Tochter und Schüler_in changieren (vgl. Feierabend et al. 2014, S. 38).

In der *Facebook*-Identität wirken insofern Subjektivierungsdynamiken, als dass das Individuum Identitätsnarrationen via *Facebook* generiert. Das Individuum greift die normativen Erwartungen von Gesellschaft auf, „denen es ausgesetzt ist und modifiziert ihre Ansatzpunkte, Richtungen und Intensitäten“ (Bröckling 2013, S. 20).

Durch die Verbreitung des mobilen Internets geschieht dieser Prozess des digitalen, narrativen Selbstmanagements quasi *to go*:

> „Das Smartphone ist eine digitale Devotionalie, ja die Devotionalie des Digitalen überhaupt. Als Subjektivierungsapparat fungiert es wie der Rosenkranz, der in seiner Handlichkeit auch eine Art Handy darstellt. Sie dienen beide zur Selbstprüfung und Selbstkontrolle. Die Herrschaft steigert ihre Effizienz, indem sie die Überwachung an jeden einzelnen delegiert. Like ist ein digitales Amen. Während wir Like klicken, unterwerfen wir uns dem Herrschaftszusammenhang. Das Smartphone ist nicht nur ein effektiver Überwachungsapparat, sondern auch ein mobiler Beichtstuhl. Facebook ist die Kirche, die globale Synagoge (wörtl. Versammlung) des Digitalen“ (Han 2014, S. 23).

Mittels des heuristischen Analyseansatzes der *Facebook*-Identität lässt sich aufarbeiten, dass eine potenzielle Dezentrierung des Individuums im Sinne Turkles einer Fokussierung des Individuums durch die Selbstdarstellungen in Social Networks wie *Facebook* weicht.

> „One central and essential feature of the Facebook identity is thus a dialectical relationship between virtual/actual spaces and different roles. The Facebook identity accompanies the individual both in the virtual and in the actual world. The potential for multiple identities within the internet is replaced by a centralised identity which

> bridges both worlds and fixes the identity of the individual in both" (Kergel 2014, S. 188)

Die von Foucault konstatierte produktive Dimension von Macht zeigt sich in der Generierung von Identitätsnarrationen, die in der Konstituierung einer *Facebook*-Identität münden.

Erweiternd und im Anschluss an Butler lässt sich der Begriff der *Google*-Identität für das Aufzeigen der *performativ-interpellativen Permanenz* des Ichs im *Google*-Universe entwickeln. Zugang zu diesem Universum stellt das individuelle *Google*-Konto dar, durch welches diverse *Google*-Dienste genutzt und miteinander vernetzt werden können. Von der Navigation über *Google-Maps* und dem kollaborativen Erstellen von Texten via *Google Drive* kann über den *Google*-Kalender und der To-Do-App *Keep*, dem Netzwerk *Google-Plus* das eigene Leben im *Google*-Universe organisiert werden. Aus einer machtanalytischen Perspektive lässt sich die *Google*-Identität als eine spezifische Form der Einschließung interpretieren. Das Individuum wird nicht wie bei der *Facebook*-Identität durch das digitale Identitätsmanagement über Social Softwares wie *Facebook* diskursiv fixiert, was einen normativen Raum der Selbstnarration schafft. Der analytische Ansatz der *Google*-Identität interpretiert die beständige ‚Begleitung' des Individuums durch die *Google*-Dienste als Interpellationen, die Digitalisierung des Ichs mittels *Google*-Produkten voranzutreiben.

> „From a semiotic point of view, the (universal) Google account is the central element of a symbolic Google universe which widens a space for communication and identity construction into a public sphere. The Google identity can become one's constant companion and develop a socialisatory impact. (From this point of view, the Google identity can be understood as a counterpoint to the concept of a fluid and anonymous web identity which is part of the self-understanding of movements like Anonymous)" (Kergel 2014, S. 189).

Mit dem Ansatz der *Facebook*- und *Google*-Identität lässt sich machtanalytisch aufarbeiten, wie die Verschiebungen des Internets, die weg von einem Web 1.0 hin zu einem Web 2.0 führen, performativ-interpellative Effekte entfalten. Im Zuge dessen scheinen sich weniger emanzipative Freiheitsräume im Sinne Turkles zu öffnen, sondern eher Einschließungstendenzen (z. B. in das *Google*-Universe) zu etablieren.

4 Fazit

Zusammenfassend lässt sich festhalten, dass Identitätskonzepte, die Teil der symbolischen Ordnung von Gesellschaft darstellen, durch das Internet aktualisiert werden. Dies kann aber lediglich eine beschränkte Momentaufnahme darstellen, da aus analysepragmatischen Gründen relevante Themenfelder wie der Interneteinsatz im arabischen Frühling, Phänomene wie Cybermobbing und Cybercrime etc. ausgespart wurden. Vor dem Hintergrund dieser Aussparungen lässt sich der Beitrag lediglich als ein unvollständiger Versuch begreifen, machtanalytisch symbolische Ordnung in Bezug zu dem Internet zu setzen. So konnten im Zuge des Artikels die Komplexität und die Dynamiken, die das Internet auszeichnen, aus machtanalytischer Perspektive heuristisch beleuchtet werden.

Literatur

Althusser, L. (1977). Ideologie und ideologische Staatsapparate. Aufsätze zur marxistischen Theorie. Hamburg: Vsa.

Austin, J. L. (1972). Zur Theorie der Sprechakte. Stuttgart: Reclam.

Bachmann-Medick, D. (2009). Cultural Turns. Neuorientierungen in den Kulturwissenschaften. Reinbek bei Hamburg: Rowolth.

Bourdieu, P. (2016), Neoliberalismus und neue Formen der Herrschaft. In *Social Transformations. Resreach on Precarisation and Diversity – an interdisciplinary Journal* 1(1). URL: http://www.social trans.de/index.php/st/article/view/9. Zugegriffen: 15. März 2016.

Bröckling (2013). Das unternehmerische Selbst-. Soziologie einer Subjektivierungsform. Frankfurt am Main: Suhrkamp.

Butler, J. (1991). Das Unbehagen der Geschlechter. Frankfurt am Main: Suhrkamp.

Butler, J. (1995). Körper von Gewicht: die diskursiven Grenzen des Geschlechts. Berlin: Suhrkamp.

Butler, J. (1997). The psychic life power. Theories in Subjection. Standford: Standford University Press.

Butler, J. (2006). Hass spricht: Zur Politik des Performativen. Frankfurt am Main: Suhrkamp.

Deleuze, G. (2004). Cambridge: Desert Islands and other Texts. Cambridge: MIT Press

Derrida, J. (1988). Limited Inc. 2. Essays. Evanston: Northwestern University Press.

Downes, S. (2005). E-Learning 2.0. In *e-learn-magazine*, URL: www.elearnmag.org/subpage.cfm?section=articles&article=29-1. Zugegriffen: 01 Juni 2015.

Feierabend, S., Plankenhorn, T. & Rathgeb, T. (2014). JIM 2014. Jugend, Information, (Multi-)Media. Basisstudie zum Medienumgang. http://www.sainetz.at/dokumente/JIM-Studie_2014.pdf. Zugegriffen: 26. Juli 2015.

Foucault, M. (1997). Überwachen und Strafen. Frankfurt am Main: Suhrkamp.

Foucault, M. (1978). Dispositive der Macht: Über Sexualität, Wissen und Wahrheit. Berlin: Merve.

Gaiser, B. (2008). Lehre im Web 2.0 – Didaktisches Flickwerk oder Triumph der Individualität? URL: http://www.e-teaching.org/didaktik/kommunikation/08-09-12_Gaiser_Web_2.0.Pd. Zugegriffen: 05 November 2014.

Han, B.-C. (2014). Psychopolitik. Neoliberalismus und die neuen Machttechniken. Frankfurt am Main: Fischer.

Hochmuth, H., Kartsovnik, Z., Vaas, M. & Nisto, N. (2009). Podcasting im Musikunterricht. Eine Anwendung der Theorie forschenden Lernens. In N. Apostolopoulos, H. Hoffmann, V. Mansmann & A. Schwill (Hrsg.), E-Learning 2009. Lernen im digitalen Zeitalter (S. 246–255). Münster: Waxmann.

Kergel, D. (2010). Momente präsubjektiver Identität in den epistemologischen Konzepten Hegels, Deleuzes und Bourdieus. In H.-R. Yousefi, H. J. Scheidgen & H. Oosterling (Hrsg.), Von der Hermeneutik zur interkulturellen Philosophie. Festschrift für Heinz Kimmerle zum 80. Geburtstag (S. 265–286). Nordhausen: Bautz.

Kergel, D. (2013). Rebellisch aus erkenntnistheoretischem Prinzip. Möglichkeiten und Grenzen angewandter Erkenntnistheorie. Frankfurt am Main: Peter Lang.

Kergel, D. (2014). On Google and Facebook-Identities. In J. Pelkey & L. G. Sbrocchi (Hrsg.), Semotics 2013. Yearbook of the Semiotic Society of America (S. 185–194). Toronto: Legas.

Kergel, D. (2016). Bildungssoziologie und Prekaritätsforschung: Castingshows als Prekaritätsnarration. In D. Kergel, R.-D. Hepp & R. Riesinger (Hrsg.), Precarity – Shift in the center of the Society – Interdiciplinary Perspectives (S. 175–194). Wiesbaden: VS Springer.

Kergel, D. & Heidkamp, B. (2016). Der soziale Raum der Augmented Reality – Überlegungen zur Medienbildung. In D. Kergel & B. Heidkamp (Hrsg.), Forschendes Lernen zwischen Globalisierung und medialem Wandel (im Druck). Wiesbaden: VS Springer.

Krämer-Badoni, T. (1978). Zur Legitimität der bürgerlichen Gesellschaft. Eine Untersuchung des Arbeitsbegriffs in den Theorien von Locke, Smith, Ricardo, Hegel und Marx. Frankfurt am Main: Campus.

Lacan, J. (2011). Schriften III. Berlin: Quadriga.

Lehr, C. (2012). Web 2.0 in der universitären Lehre. Ein Handlungsrahmen für die Gestaltung technologiegestützter Lernszenarien. Boizenburg: Vwh.

Moebius, S. (2013). Macht und Hegemonie: Grundrisse einer poststrukturalistischen Analytik der Macht. In S. Moebius & A. Reckwitz (Hrsg.), Poststrukturalistische Sozialwissenschaften (S. 158–174). Frankfurt am Main: Suhrkamp.

O'Reilly, T. (2002). Web 2.0 Compact Definition: Trying Again. URL: http://radar. oreilly. com/archives/2006/12/web-20-compact.html. Zugegriffen: 18 Mai 2015.

Schmidt, R., & Woltersdorff, V. (2008). *Einleitung*. In R. Schmidt & V. Woltersdorff (Hrsg.). Symbolische Gewalt. Herrschaftsanalyse nach Pierre Bourdieu (S. 7–24). Wiesbaden: VS. Springer.

Schwalbe, C. (2011). Die Universität der Buchkultur im digital vernetzten Medium. In T. Meyer, W.-H. Tan, C. Schwalbe & R. Appelt (Hrsg.), Medien & Bildung Institutionelle Kontexte und kultureller Wandel (S. 179–192). Wiesbaden: VS Springer.

Searle, J. R. (1971). Sprechakte. Ein sprachphilosophischer Essay. Frankfurt am Main: Suhrkamp.

Siemens, G. (2005). Connectivism: A learning theory for the digital age. In *International journal of instructional technology and distance learning* 2(1), 3–10.

Suderland, M. (2014). `Worldmaking´ oder `die Durchsetzung der legitimen Weltsicht´. Symbolische Herrschaft, symbolische Macht und symbolische Gewalt als Schlüsselkonzepte der Soziologie Pierre Bourdieus. In U. Bauer, U. W. Bittlingmayer, C. Keller & F. Schultheis (Hrsg.), Bourdieu und die Frankfurter Schule. Kritische Gesellschaftstheorie im Zeitalter des Neoliberalismus (S. 121–162). Bielefeld: transcript.

Turkle, S. (2011). Life on the Screen: Identity in the Age of the Internet. New York: Simon & Schuster.

Žižek, S. (2011). Lacan. Eine Einführung. Frankfurt am Main: Fischer.

Informationen zu den Autorinnen und Autoren

Biermann, Ralf, Dr., wissenschaftlicher Mitarbeiter am Institut 1: Bildung, Beruf und Medien der Otto-von-Guericke-Universität Magdeburg. Seine Forschungsschwerpunkte liegen im Bereich der Mediensozialisation unter der Berücksichtigung milieuspezifischer Ansätze, des Lernens und Lehrens mit neuen Medien in Bildungskontexten sowie der Kommunikations- und Interaktionsformen in virtuellen Welten, insbesondere Digital Games Studies.
E-Mail: ralf.biermann@ovgu.de URL: ralfbiermann.de

Damberger, Thomas, Dr., ist Vertretungsprofessor für Erziehungswissenschaft mit dem Schwerpunkt Neue Medien in Lehr-Lernkontexten an der Goethe-Universität und Frankfurt a. M. Aktuelle Arbeits- & Forschungsschwerpunkte: Transhumanismus, Quantified Self, Human Enhancement, Allgemeine Didaktik & Mediendidaktik, Erziehungs- und Bildungstheorie
E-Mail: kontakt@damberger.email Web: http://thomas-damberger.de

Haarkötter, Hektor, Prof. Dr., ist Fachbereichsleiter Journalismus und Kommunikation an der HMKW Hochschule für Medien, Kommunikation und Wirtschaft (HMKW) am Campus Köln. Zuvor hat er 20 Jahre hat er für beinahe alle öffentlich-rechtlichen Sender und Arte als Journalist, Filmemacher und Regisseur gearbeitet und ist für seine journalistischen, filmischen und medienkritischen Arbeiten vielfach preisgekrönt worden. Wissenschaftlich beschäftigt er sich mit Medientheorie, Medienphilosophie und empirischer Kommunikationsforschung. Er hat eine große Zahl von Büchern, Aufsätzen und Artikeln zu kommunikationswissenschaftlichen und medienkritischen Themen verfasst. Als aktiver Blogger betreibt er mehrere Weblogs, unter anderem den „Antimedienblog" (http://www.antimedien.de) oder den Rechercheblog www.kunstderrecherche.de.
E-Mail: h.haarkoetter@hmkw.de

Hebert, Estella, M.A., ist wissenschaftliche Mitarbeiterin am Fachbereich der Erziehungswissenschaften der Goethe-Universität Frankfurt am Lehrstuhl für neue Medien in Lehr- und Lernkontexten. Ihre Forschungsschwerpunkte liegen im Bereich der Medienpädagogik mit einem Fokus auf Fragen der Subjektivierung im Kontext von Überwachung und der Vermessung des Menschen, sowie im Bereich von individualisierter Werbung, sozialen Netzwerken und Film.
E-Mail: hebert@em.uni-frankfurt.de

Heidkamp, Birte, M.A., ist wissenschaftliche Mitarbeiterin am E-Learning Zentrum der Hochschule Rhein-Waal. Ihre Forschungsschwerpunkte liegen im Bereich E-Didaktik, E-Science, Semiotik des Lernens, Medienbildung, sowie der qualitativen Bildungs- u. Lernforschung.
E-Mail: birte.heidkamp@hochschule-rhein-waal.de Web: https://learningcultures.me

Hoffmann, Dagmar, Dr., ist Professorin für Medien und Kommunikation am Medienwissenschaftlichen Seminar der Universität Siegen. Ihre Forschungsschwerpunkte liegen im Bereich der Mediensozialisation, Medienpraktiken im Netz sowie speziell in Fan Fiction Communities.
E-Mail: hoffmann@medienwissenschaft.uni-siegen.de

Holze, Jens, M.A., ist am Lehrstuhl für Pädagogik und Medienbildung, Institut 1: Bildung, Beruf und Medien, Fakultät für Humanwissenschaften der Otto-von-Guericke-Universität Magdeburg. Er lehrt und forscht in den Bereichen Internet/Web Studies, Filmanalyse und Digitale Subkulturen im Kontext der Strukturalen Medienbildung und promoviert aktuell zum Thema „Auswirkungen der Strukturen digitaler Medien auf Konzepte von Wissen und Wissensgenerierung".
E-Mail: jens.holze@ovgu.de URL: log.jensholze.de

Iske, Stefan, Prof. Dr., Professor für Pädagogik und Medienbildung an der Otto-von-Guericke-Universität Magdeburg. Seine Arbeitsschwerpunkte in Forschung und Lehre sind Fragestellungen der Erwachsenenbildung, der Medienpädagogik und des Lehrens und Lernens mit digitalen Medien in universitären, schulischen und außerschulischen Kontexten.
E-Mail: stefan.iske@ovgu.de

Jörissen, Benjamin, Prof. Dr., Professor für Pädagogik mit dem Schwerpunkt Kultur, ästhetische Bildung und Erziehung an der Friedrich-Alexander-Universität Erlangen-Nürnberg, Studium der Erziehungswissenschaft und Philosophie in Köln, Düsseldorf und Berlin. Arbeitsschwerpunkte u. a.: Bildung und Medialität; Kulturelle Bildung; pädagogische Anthropologie, Identität und Subjektivation.
E-Mail: benjamin.joerissen@fau.de URL: joerissen.name

Kergel, David, Dr., ist wissenschaftlicher Mitarbeiter im Projekt "Habitussensible Studienverlaufsberatung" an der HAWK Hildesheim. Seine Forschungsschwerpunkte liegen im Bereich des problembasierten sowie des forschenden Lernens, E-Education, der qualitativen Lern- u. Bildungsforschung sowie der Prekarisierungsforschung.
E-Mail: kersop@gmx.de Web: https://learningcultures.me

Krückel, Florian, Dr., ist wissenschaftlicher Mitarbeiter am Lehrstuhl für Systematische Bildungswissenschaften der Julius-Maximilians-Universität Würzburg. Seine Forschungsschwerpunkte liegen im Bereich der Erziehungs- und Bildungstheorie unter Berücksichtigung postmoderner Medien- und Technikphilosophie. Gerahmt werden diese Forschungszugänge durch anthropologische Überlegungen unter einer digitalen Perspektive.
E-Mail: florian.krueckel@uni-wuerzburg.de URL: bildungswissenschaft.uni-wuerzburg.de

Verständig, Dan, M.A., studierte Medienbildung – Audiovisuelle Kultur und Kommunikation an der Otto-von-Guericke-Universität Magdeburg und ist dort derzeit wissenschaftlicher Mitarbeiter am Institut 1: Bildung, Beruf und Medien. Seine Forschungsschwerpunkte liegen im Bereich der Internet Studies sowie der Medienbildung.
E-Mail: dan@pixelspace.org

Wild, Rüdiger, Dr., studierte an der Universität zu Köln Diplom-Pädagogik und promovierte zum Thema „Konstruktivistische Medientheorie“. Nach mehrjähriger Tätigkeit in der Erwachsenenbildung ist er zurzeit als Wissenschaftlicher Mitarbeiter am Institut für Bildungswissenschaft und Medienforschung im Lehrgebiet Lebenslanges Lernen der FernUniversität in Hagen beschäftigt, wo er sich vor allem den Themen „Neue Medien in der beruflichen Bildung“ und „Digitalisierung der Hochschulbildung“ widmet.
E-Mail: ruediger.wild@fernuni-hagen.de